◆高等学校网络科学系列教材

复杂网络科学

基础及应用

主 编 刘 影

副主编 谢文波 等

上海交通大学出版社
SHANGHAI JIAO TONG UNIVERSITY PRESS

内容提要

对复杂网络的研究具有极强的跨学科特性，涉及计算机科学、物理学、管理学、社会学等多个学科领域。本书涵盖复杂网络科学的基础知识、经典模型、基本理论及应用实例。在介绍复杂网络的基础知识后，对复杂网络的结构特性、传播动力学、鲁棒性、同步及复杂网络的应用进行详细说明。全书从基础理论到研究前沿，循序渐进，力求为复杂网络领域的初学者提供较全面的基础知识，同时为该领域的研究者提供研究热点和前沿进展的介绍。本书可作为高等学校本科生、研究生学习复杂网络的教材，也可供从事复杂网络研究的科技工作者参考。

图书在版编目（CIP）数据

复杂网络科学基础及应用／刘影主编；谢文波等副

主编. -- 上海：上海交通大学出版社，2024.10 -- ISBN

978-7-313-31629-5

Ⅰ. TP393

中国国家版本馆 CIP 数据核字第 2024FL4551 号

复杂网络科学基础及应用
FUZA WANGLUO KEXUE JICHU JI YINGYONG

主　　编：刘　影

出版发行：上海交通大学出版社　　　　　　　　地　　址：上海市番禺路 951 号

邮政编码：200030　　　　　　　　　　　　　　电　　话：021-64071208

印　　制：四川省平轩印务有限公司　　　　　　经　　销：全国新华书店

开　　本：710mm×1000mm　1/16　　　　　　印　　张：11.5

字　　数：180 千字

版　　次：2024 年 10 月第 1 版　　　　　　　　印　　次：2024 年 10 月第 1 次印刷

书　　号：ISBN 978-7-313-31629-5

定　　价：48.00 元

前　言

　　网络科学是一门以多学科交叉为特征的新兴学科。数学家对图论的研究、物理学家开发的网络分析理论工具、生物学家绘制的大脑神经元网络、计算机科学家研究针对大规模网络的数据挖掘算法、工程学家对基础设施网络的探索、流行病学家对疾病传播的建模与预测、社会学家对社交网络的分析，这些来自不同领域的视角与贡献，共同推动着网络科学的持续发展。

　　网络科学研究的对象是各种类型的复杂网络，如交通网络、电力网络、道路网络、科学家合作网、人际接触网、朋友关系网等。国内外陆续出版了网络科学多个领域的系列专著，这些专著的侧重点各有不同，如复杂网络的结构与演化、链路预测、社会网络分析，复杂网络传播理论、同步和博弈等。然而，专门作为复杂网络科学入门的教材却较为匮乏。目前，本领域的硕、博研究生主要从文献综述、经典论文、中英文著作等来获取复杂网络的基础知识，需要花费大量时间收集不同研究方向的内容。对于非专门从事复杂网络研究但又希望学习网络科学基本方法和原理的本科生，他们通常难以投入大量时间深入研读中文专著和英文文献，也缺乏复杂网络方向综述文献的筛选和获取能力。因此，编写一本复杂网络基础及应用的教材，系统地介绍复杂网络的基础知识、方法和原理，同时介绍本领域最新的研究进展、热点问题和潜在应用，对于从事该领域研究以及对复杂网络科学理论和方法感兴趣的计算机科学、网络空间安全、人工智能、数学、物理学、工程学、社会学等方向的本科生、研究生和工程技术人员十分必要。

　　鉴于此，我们组织编写了本教材，致力于系统地介绍复杂网络的基础知识和近年的研究热点问题及其进展，使不同学科背景的老师和同学们，在具备高等数学和普通物理基本知识后能够顺利地阅读，掌握复杂网络研究的一般性方法和研究进展。除封面所列作者外，本书还有三位副主编梁宗文、王建波、李平，因故不能一一列在封面上，深感抱歉。华东师范大学唐明教授、武汉科技大学高福娟博士对本书的编写做出了重要贡献。感谢广西师范大学赵明教授和华东师范大学邹勇教授对书稿提出的宝贵意见。此外，作者们所在课题组的研究生赖宇航、李江、陈钰书、刘易文、付勋、刘江华、陈嘉兴、罗灿、侯诗雨、张阿聪、罗俊、周云龙等对书稿亦有贡献。本教材的编写和出版受到国家自然科学基金、西南石油大学研究生教材建设项目资助。

目　录

第 1 章

引　言

随着科学和技术的发展，人类社会已经迈入网络化时代。人们通过手机、电话、电子邮件等通信工具能随时与亲朋好友保持联系；航空网、铁路网和公交网等现代交通网络使人们的出行变得极为便捷；全球贸易网络的急剧扩张促成了联系越来越紧密的"地球村"。网络科学是一门崭新的交叉科学，重点研究自然科学、技术以及社会、政治、经济中各种复杂系统微观态与宏观现象之间的联系，特别是其网络结构的形成机理与演化规律、结构模式与动态行为、运动规律与调控策略等[1,2]。在网络科学中，最基本的研究对象是复杂网络。复杂网络是由节点与连边构成的集合，节点表示复杂系统中的元素，节点间的连边表示各元素之间的相互作用。电力网络、交通网络、经济网络、社会网络、互联网、科学家合作网、大脑网络等现实中的各类网络化系统都可以被抽象为复杂网络进行研究。

复杂网络科学的发展离不开图论。在数学上，复杂网络使用图论作为理论描述框架，这种建模方式具有简洁、系统和精确的特点。图论起源于数学家欧拉 18 世纪 40 年代研究的"哥尼斯堡七桥问题"。随后，学者们提出了大量的理论和相关证明方法，图论研究从此成为数学中一个重要的研究分支，并在后来的两百年里蓬勃发展，为自然学科问题提供了解决思路。20 世纪 60 年代，两位匈牙利数学家 Erdös 和 Rényi 提出随机图理论[3]，奠定了复杂网络的数学理论基础，开创了复杂网络理论的系统性研究先河。20 世纪末，两项研究掀起了复杂网络的研究热潮：一项是 1998 年美国康奈尔大学的 Watts 博士及其导师 Strogatz 教授在 Nature 杂志上发表《Collective dynamics of small world networks》一文[4]，引入"小世界"（Small-world）网络模型，描述从完全规则网络到完全随机网络的转变过程。通过"小世界"网络模型说明了少量的随机捷径（即长程连边）会改变网络的拓扑结构，使网络涌现出"小世界效应"。另一项研究是 1999 年美国圣母大学的 Barabási 教授和 Albert 博士在 Science 上发表的《Emergence of scaling in random networks》一文[5]，指出现实生活中许多复杂网络的节点度分布都服从幂律形式。由于幂律分布没有明显的特征长度，这类网络又被称为"无标度"（Scale-free）网络。小世界网络模型和无标度网络模型的提出标志着复杂网络研究进入崭新的时代。学者们建立了各种网络模型来阐述这些特征的原理，证明复杂系统可以由某些简单的规则自组织演化而成。

21 世纪以来，在数学、物理、计算机和社会学等领域学者的共同努力下，复杂网络科学取得了众多激动人心的成果，加深了人们对网络化时代的认识与理解，复杂网络科学越来越广泛地应用于工程技术领域，逐渐形成一门较为成熟和不断发展的新学科。

1.1 网络科学研究的意义

在本小节中，我们通过介绍网络的社区结构、网络传播、网络渗流、网络同步以及图机器学习在复杂网络上的应用来说明网络科学研究的意义。

1.1.1 社区结构

"物以类聚，人以群分"，在自然界和人类社会中，具有相似特点的事物往往有更加紧密的联系。例如，在社交网络中，人们总是会有属于自己的小圈子，圈子内部人与人之间的关系亲密，而圈子之间人与人之间的关系则相对疏远；在生物蛋白质网络中，有着相同特殊功能的蛋白质组成功能模块；在互联网（Internet）上，讨论相同主题或者具有相同爱好的用户构成主题社区；在疾病传播网络中，同一集体内的个体更容易相互传染。把上述社交网络、蛋白质网络、疾病传播网络抽象为复杂网络，则会观察到网络中某些节点之间联系相对紧密，而与另一些节点之间联系相对疏松。这些紧密连接的节点形成社区。通过对网络社区结构的划分，能更清晰地展示出网络的隐藏属性。如在社交网络中，通过社区划分可以明确地标识出网络中人际交往的亲疏情况，预测出可能的朋友关系或认识的人群；在在线购物关系形成的用户－商品网络中，识别具有相似兴趣的客户社区，有助于建立高效的推荐系统，从而增加商机。

1.1.2　传播动力学

自网络科学理论诞生以来，传播动力学便是被重点关注的一个课题。在真实网络系统中，传播现象随处可见，例如流行病传播、信息扩散、革新采纳、意见形成、健康行为传播和金融决策等。学者们将网络传播按照研究对象分为三大类：生物传播、社会传播、社会－生物传播[6]。

生物传播是复杂网络传播动力学最主要的研究对象之一，也被认为是"简单"的传播，即两次连续接触导致感染的概率是相同的，该类传播主要包含了生物传染病传播和计算机病毒的传播。早在 2001 年，Pastor-Satorras 等人研究了基于社会网络的流行病传播，发现网络中的少量大度节点是造成流行病长存于网络的关键因素[7]。它们一旦被病毒感染，就能使周边节点也被感染，形成能维系整个系统长存流行病的小团体。针对疾病传播的特性，学者们提出各种传播模型，其中最经典的模型包括易感－感染（Susceptible-infec-ted，SI）模型、易感－感染－易感（Susceptible-infected-susceptible，SIS）模型和易感－感染－恢复（Susceptible-infected-recovered，SIR）模型。例如在流感病毒传播过程中，感染个体恢复健康后可能再次被感染，即 I 态（感染态）节点会转变为 S 态（易感染态），对流感的传播建模可采用 SIS 模型；感染天花病毒的患者一旦病愈后就具有终身免疫力，不会再次被感染，感染个体从 I 态转变为 R 态（恢复态），用 SIR 模型来刻画。更进一步，基于这些模型对生物传播进行分析，可以为预测和控制全球流行病传播提供新思路。如美国印第安纳大学的 Vespignani 等人成功预测了 2009 年甲型 H1N1 流感的时空演化斑图[8]。华东师范大学刘宗华教授团队对人类的目标旅游、旅途中感染等问题进行了探讨，发现目标旅游会促进传播，减少出行是防控大规模流行病爆发的有效手段[9]。Brockmann 和 Helbing 通过分析感染人群在不同城市之间的流动情况，发现城市之间的有效距离是导致全球流行病爆发的关键因素[10]，通过进一步分析有效距离的特性，他们准确识别了 2003 年 SARS 流行病和 2009 年的 H1N1 流感的传播源，让人们真切地认识到复杂网络传播动力学在解决实际问题中的魅力所在。

社会传播主要包括信息扩散、资源分配、行为传播等较为复杂的传播场景。社会传播往往具有社会促进效应，即社会中的人群通常喜欢保持行为的一致性。比如选择去做同一件事；或有人在旁观察时，个体的做事效率会得到提升。在复杂网络的社会传播模型中，这种社会促进效应体现在重复接触时被感染的概率上。易感节点与感染节点再次接触时，被感染概率与先前接触的次数呈正相关，即先前接触次数越多，本次被感染的概率越大。这种社会促进效应，是社会传播和生物传播的差异所在。信息的传播，新产品、新技术或新药物的普及，恐慌情绪的蔓延，这些看似风马牛不相及的现象之间却有一些共同的性质，即它们都是从少数个体的行为"变异"开始，然后通过人群之间的相互作用，达到该行为的大规模流行（转变为集体行为）。信息扩散是社会传播中常见的传播之一。在各种控制方法和策略的研究中，有两个话题常常被学者们关注：传播源的定位和传播者的影响力评估。传播源的定位能帮助人们找到信息扩散的"始作俑者"，而传播者的影响力评估则能很好地定位在信息扩散过程中"推波助澜"的节点。传播源定位研究一般基于传播网络的拓扑结构，结合局部或全局的结构指标来实现源点的定位[11]。如 Shah 等人基于最大似然估计，通过假设当前节点是信息源，计算从当前节点到其他已感染节点的路径数，路径数最多的节点被认为是信息源[12]。传播者的影响力评估需要根据网络的拓扑结构和传播模型来预测节点的传播影响力。

网络传播动力学的第三个研究对象是社会－生物传播。在真实的社会中，许多传播过程之间是相互耦合、相互作用和共同演化的[13]。例如，流行病爆发时，人们从新闻和各种媒体上获得关于疾病的消息并采取措施保护自己，从而抑制流行病的传播。如在 COVID－19 流行期间，人们通过减少出行、接种疫苗等方式自我保护，减少了感染风险[14-17]。上述过程可以用信息 - 疾病耦合传播模型来描述。此外，行为与疾病、资源与疾病的共演化动力学也被深入研究。

1.1.3　网络渗流

渗流理论（Percolation theory）起源于统计物理，研究随机介质中的相变现象。随着 20 世纪末网络科学的兴起，渗流理论被广泛运用于研究复杂网络问题，包括网络的鲁棒性、疾病传播、演化博弈等。渗流理论首先关注引起相变的临界值，通过建立渗流模型，研究渗流相变与临界现象。建立一个 $n \times n \times n$ 个顶点的三维网格模型，相邻顶点有边连接的概率为 p，不连接的概率为 $1 - p$，每条边连接与否是相互独立的。当 n 很大以至于体系可以近似为无限网格时，求至少存在一条贯穿整个网格的路径对应的 p 的取值范围。而 p 的下界取值 p_c，就是我们探求的临界阈值，也称为渗流阈值（Percolation threshold）。在真实世界中，渗流现象普遍存在。例如交通网络中某些路段的持续拥堵会导致车辆行驶速度大幅降低，在达到其临界值后，原本完好的路网因多条路段的拥塞几近完全失效，出行者们只能龟速行进。准确识别路网瓶颈并采取应对措施可以大大提高交通系统的运行效率[18]。

复杂网络上的疾病传播与网络渗流存在对应关系。由于流行病在人群中的传播是通过感染者和易感者之间的接触发生，通过阻隔感染者和易感染者之间的接触可以有效控制流行病的蔓延。

渗流理论还用于网络鲁棒性分析。通过量化网络在删除部分节点或边后的连通性，来评估网络的鲁棒性。网络的巨分量大小被用作序参量来度量网络遭受攻击后的鲁棒性。巨分量越大，网络鲁棒性越高。另一方面，也可以用网络发生渗流相变的临界点来度量网络的鲁棒性。渗流相变的临界点 p_c 越大，说明在维持网络临界功能时，需要保留的节点比例就越大，网络鲁棒性越差。反之，渗流相变的临界点 p_c 越小，说明只需要很少的保留节点就能够维持网络结构与功能，网络的鲁棒性就越好[19]。鲁棒性好的网络常常会对渗流的扰动做出响应，比如 Rapisardi 等人研究发现，神经细胞网络会对类似网络渗流的扰动做出积极响应，从而缓解系统功能的退化，使网络结构在退化时仍能保持其相应功能。他们据此提出了"扰动－响应"过程的数学框架，解释了局部守恒如何维持整个系统的全局连通性，发现拥有稳态响应机制的网络结构在实际中更具有韧性[20]，即更高的鲁棒性。

1.1.4 网络同步

自然界中存在许多同步（Synchronization）现象。如原本杂乱无章飞行的鸟类总是能在一定时间内达到飞行姿态和方向上的一致性，停在同一棵树上的萤火虫会有规律的同时闪光等。在人们的日常生活中，同步现象也非常常见。当一场精彩的演讲结束时，在刚开始的几秒钟时间里听众也许会鸦雀无声，直到突然有人带头鼓掌，于是整个会场里的听众都鼓起掌来。听众的掌声在最初的时刻是杂乱无章的，但经过一段时间后，每个人都会和着别人的节奏鼓掌，从而产生同步。关于该场景，2000 年 Nature 杂志上发表的一篇文章从非线性动力学的观点阐述了观众掌声同步的产生机理[21]。在我们的心脏中，同步使无数的心脏细胞能够同时做一个动作，如使心瓣膜舒张开，然后又同时停下来，使心瓣膜关闭。随着心瓣膜的同时舒张和关闭，保证了血液的正常流动。为了更好地理解复杂网络中同步现象的本质，可以把网络看成一个系统，每个节点看成系统中的一个元件。每个节点会受到自身状态和邻居节点的状态的影响，它的状态变化会通过连接传递给邻居节点。节点之间的同步取决于节点之间的耦合强度和节点的动力学特征，如果节点之间的耦合强度很弱，同步现象很难实现；反之，如果耦合强度过大，网络的行为会变得混乱，同步同样难以实现。研究这些现象的内在机理，构建网络同步模型及相关的同步控制方法，能够帮助我们更深入地理解网络结构的复杂性对网络动态行为的影响[22]。

研究人员通过对实际网络的分析和研究，找到了提高网络同步能力的方法。这里所说的提高网络同步能力有两层含义：一是使原本无法同步的网络能够同步或者使原本同步困难的网络变得容易同步，二是提升了网络同步的稳定性。Motter 等人在研究中指出，网络同步时，节点被耦合的强度总和应该归一，利用这种思想可以大大提高无标度网络的同步能力[23]。Chavez 等人提出利用边的介数来调整节点之间的耦合强度，利用网络全局信息来提高网络的同步能力[24]。在动态网络同步中，Zhou 等人对无标度网络耦合强度随时间演化的情况进行了研究，实验结果表明，如果节点的耦合强度是该节点与其邻居状态变量差异的函数，同时网络在耦合的作用下能演化达到稳定的同步状态，则节点和节点之间的耦合强度可以达到稳定的同步状态，从而找到显著提高网络同步能力的方法[25]。但是，同步现象也有可能是有害的。例如，2000 年 6 月 10 日伦敦千年桥落成，当成千上万的人们通过大桥时，共振使这座 690 吨钢铁造成的大桥开始振动。桥体的 S 形振动所引起的振幅甚至达到了 20 cm，使得桥上的人们开始恐慌，大桥不得不临时关闭。Internet 上也有一些对网络性能不利的同步现象。例如，Internet 上的每个路由器都要周期性地发布路由消息。尽管发布路由消息是由各个路由器自己决定的，但研究人员发现，不同的路由器最终会以同步的方式发送路由消息，从而引发网络拥塞。为了更好地让同步服务于人类，同步控制就显得尤为重要。复杂网络同步控制是指以控制理论为基础，通过在复杂网络中加入控制器，使每个节点的状态达到一致的控制方法，它的主要目的就是控制网络上的同步过程。当网络同步对系统有益时，可以采取措施保持或者增强网络的同步能力；当网络同步对系统有害时，可以抑制或消除网络同步的发生。

1.1.5　复杂网络和机器学习

机器学习是计算机科学的一个重要研究领域，是指计算机利用已有经验来获得学习能力的一种计算方法。虽然众多的机器学习方法被提出并且在各类实际系统中成功应用，但仍然有很多挑战性的问题需要解决。在过去的几年里，基于复杂连接模式的图机器学习方法越来越受到关注。该方法的出现是因为其具有内在优点，即数据表示是基于网络特性的，能有效捕获数据的空间、拓扑和功能关系。

基于图的机器学习方法，是图和机器学习交叉研究的新分支。数据是机器学习的燃料，机器学习各种模型的运行依赖于大量数据。数据集是很多样本数据的集合，在实际运用中，一般用向量来存储样本数据的信息。在基于图的机器学习中，将基于向量的数据转化为基于网络的数据成为重要的研究内容，由于基于网络的数据是由点和边构成，而机器学习中的数据是基于向量的数据，需要采取某种机制，为机器学习的各个向量数据之间构建"边"，从而将基于向量的数据转化为基于网络的数据。各个向量数据的"边"不是凭空捏造，而是根据两个向量之间是否有关系而决定。只要找到两个向量数据之间的关系，它们之间就能构建边。在机器学习中，相似性是大家非常关心的一类关系。目前已经有大量成熟的数学工具度量两个点之间的相似性，如欧氏距离、曼哈顿距离等。利用这些数学工具，能够度量两个样本点之间的关系，从而完成向量数据"边"的构建。复杂网络理论研究的是各种基于网络的数据，而一旦机器学习中基于向量的数据转化为基于网络的数据后，人们就能够将复杂网络中的各种模型迁移到机器学习上来。

在完成数据网络的构建后，大量基于监督、半监督和无监督的机器学习方法被应用到网络上。例如 Lei 等人使用机器学习方法研究了两个成熟但快速变化的交通网络（巴西城市间公共汽车运输网络和美国国内航空运输网络）的连边移除动力学，发现交通网络中的连边动力学不是随机的，可以根据局部网络拓扑结构对其做出准确的预测。在该场景中，用机器学习方法预测交通网络长期演变的能力，可以帮助规划未来基础设施，并为应对气候变化和节能减排提供参考[26]。Ni 等人研究了复杂网络上动力学相变的机器学习框架，该框架在检测相变和确定临界转变点上是准确和高效的，且适用于任意大小和网络拓扑的复杂网络[27]。

在未来的发展中，基于复杂网络和机器学习的应用将会更加普遍。其中有很多有趣而有前途的研究领域值得探索、研究和运用，需要我们不断学习和拓展技能，为技术的不断革新奠定基础。

1.2 真实网络举例

复杂网络的发展，让人们能够抽象地表示现实世界中的人际关系、交通、电力、经济、生物、生态网络等。本小节将简要介绍几种真实复杂网络及其构建方式。

1.2.1 信息网络

信息网络由信息或数据的相互链接构成，如万维网（World Wide Web）、引用网络、文件共享网络等。万维网由 Internet 发展起来，是一个大规模的、联机式的信息储藏所，英文简称为 Web。万维网用链接的方法能非常方便地从互联网上的一个站点访问另一个站点，从而按需获取信息。在构建网络时，网页作为节点，当网页通过超链接指向另一个网页时，这两个页面就建立了联系，构成网络的边。在搜索引擎的设计优化上，网络的引入使得搜索结果的排序更加科学合理，并能进行最优化推荐。如在淘宝上购物时，商家希望自己的商品详情页能放在搜索结果的靠前位置，用户希望能买到最适合自己的产品，基于复杂网络的推荐算法则可以让这两者很好地实现。

科研文章之间的引用网络是另一种重要的信息网络。在引用网络中，节点代表文章，若文章 A 引用了文章 B，则 A 到 B 产生一条有向边。引用表明了该文章与之前发表的文章存在某种相关，引用网络是关于特定主题的网络。文章间的引用类似于网页间的超链接，提醒读者可以在其他文章中找到相关信息。被引用次数较多的文章相比被引用次数少的文章更具影响力，可能被更多人阅读。

1.2.2 社会网络

社会网络是指从事社会活动的个体以特定关系联系起来的集合。这里的个体指代个人、组织、机构、物种等；关系有多种形式，如朋友关系、同事关系、科学家间的合作关系、物种间的依存关系等。随着科技的飞速发展，互联网缩短了人们之间的沟通距离，涌现出各类基于社交平台的社会关系。社会网络的数据来源包括调查问卷采集、社交平台的后台数据库，或利用大数据分析获得。基于社交平台的社会关系数据往往很难获得，因为运营公司要考虑商业机密和用户隐私问题。随着计算机技术的发展，更多的网络可以通过电子记录来构建。例如在电子邮件网络中，每个节点代表一个邮件地址，节点之间的连边代表消息在它们之间的传送。

1.2.3　电力与交通网络

人类社会变得越来越网络化，其中一个重要特点是关系国计民生的基础设施演化为复杂的网络化系统，如电力网络和交通网络。电力网络安全、高效地运行关系到国家的安全和稳定。电力网络由电站和高压输电线缆构成，提供城市和国家之间电力的传输。电力网中的节点对应于发电站和中转站，边对应于高压线缆。电力网通常由单一的组织监控和管理，获得电力网的完整结构相对容易。在电网系统中，单个或者少量电站或输电线路的故障可能引发大规模停电，影响数百万人的生活，造成巨大的经济损失。如 2003 年，美国俄亥俄州三条超高压输电线被烧毁，导致北美发生大范围停电，造成了高达数百亿美元的巨大经济损失。

城市公共交通网络的复杂性和弹性是交通工程与系统科学交叉的研究领域，是应用复杂网络理论推动工程科学发展的又一个范例。高速公路、地铁、飞机使人们出行越来越方便，地球也"越来越小"。飞机航线、高铁运行、公交线路都依赖于复杂的网络化系统，交通网络系统的复杂性成为一个重要的研究方向。

1.2.4　生物网络

复杂网络在生物学领域中表示生物元素之间的交互。神经生物学家用网络表示大脑细胞之间的连接模式和神经系统，如动物的脑网络和神经网络。生态学家研究生态系统中物种之间的交互关系。物种之间的交互有多种形式，某个物种可以捕食或寄生于另一物种，或与其他物种竞争资源。物种之间还可以是共利的关系，如授粉或种子的播撒。食物链网络是一个反映给定生态系统中捕食与被捕食关系的网络，网络中的节点代表物种，有向边代表捕食和被捕食的关系。生化网络表示了分子级别的交互模式和生物细胞的控制机制，如新陈代谢网、蛋白质交互网和基因调控网。

现代医学领域利用新兴的基于网络的医学方法，提供一种直观和可靠的方法来系统地探索特定疾病的分子复杂性，识别疾病基因作为潜在的药物靶点和生物标志物，实现多种潜在的生物学和临床应用。疾病很少是单个基因异常的结果，而是反映了细胞间相互作用网络的扰动。在这个全新的视角中，关键的生物学因素通过相互连接的网络相互作用，从而控制疾病。

1.3　本书的组织结构

本书介绍复杂网络科学的基础知识及若干主要研究领域，内容包括基本概念、网络的结构特性、网络传播动力学、网络渗流、网络同步及复杂网络研究的若干应用。

第 1 章简要介绍复杂网络的发展历程及网络科学研究的意义。

第 2 章说明复杂网络的基本结构参量、网络模型及几种类型网络的表示。

第 3 章介绍网络中心性和社区结构。

第 4 章介绍复杂网络上的传播过程，包括疾病传播模型、集合种群网络上的传播和消息传播。

第 5 章讨论网络的鲁棒性，介绍点渗流、边渗流和 k - 核渗流，并将其应用于分析单层网络、多层网络和高阶网络的鲁棒性。

第 6 章介绍复杂网络的同步模型及相关研究。

第 7 章介绍复杂网络相关应用，包括复杂网络与机器学习、最有影响力的传播者识别、在 COVID - 19 传播研究中的应用等。

习题一

1. 举例说明现实社会中的网络化系统。这些网络化的系统是如何构成的，组件之间是如何交互作用的？

2. 人工智能工具的诞生，使人们获取知识变得异常便捷。在 ChatGPT 等人工智能工具中，是否采用了网络来组织和管理各类知识？

3. 世界正朝着日益网络化的方向发展。网络化可能会带来哪些问题？请分析。

参考文献

[1] 汪小帆，李翔，陈关荣. 网络科学导论 [M]. 北京：高等教育出版社，2012.

[2] Newman M. Networks：An introduction [M]. London：Oxford University Press，2010.

[3] Erdös P，Rényi A. On the evolution of random graphs [J]. Publ. Math. Inst. Hung. Acad. Sci，1960，5：17 – 61.

[4] Watts D J，Strogatz S H. Collective dynamics of 'small-world' networks [J]. Nature，1998，393（6684）：440.

[5] Barabási A L，Albert R. Emergence of scaling in random networks [J]. Science，1999，286（5439）：509 – 512.

[6] Wang W，Nie Y，Li W，et al. Epidemic Spreading on higher-order networks [J]. Physics Reports，2024，1056：1 – 70.

[7] Pastor-Satorras R，Vespignani A. Epidemic spreading in scale-free networks [J]. Physical Review Letters，2001，86（14）：3200.

[8] Balcan D，Hu H，Goncalves B，et al. Seasonal transmission potential and activity peaks of the new influenza A（H1N1）：a Monte Carlo likelihood analysis based on human mobility [J]，BMC Medicine，2009，7：45.

[9] Tang M，Liu Z，Li B. Epidemic spreading by objective traveling [J]. Europhysics Letters，2009，87（1）：18005.

[10] Brockmann D，Helbing D. The hidden geometry of complex，network-driven contagion phenomena [J]. Science，2013，342（6164）：1337 – 1342.

［11］Comin C H, da Fontoura Costa L. Identifying the starting point of a spreading process in complex networks ［J］. Physical Review E, 2011, 84（5）: 056105.

［12］Shah D, Zaman T. Rumors in a network: Who's the Culprit? ［J］. IEEE Transactions on Information Theory, 2011, 57（8）: 5163 − 5181.

［13］Pastor-Satorras R, Castellano C, Van Mieghem P, et al. Epidemic processes in complex networks ［J］. Review of Modern Physics, 2015, 87: 925 − 979.

［14］Kraemer M U G, Yang C, Gutierrez B, et al. The effect of human mobility and control measures on the COVID − 19 epidemic in China ［J］. Science, 2020, 368（6490）: 493 − 497.

［15］Kissler S M, Tedijanto C, Goldstein E, et al. Projecting the transmission dynamics of SARS-CoV-2 through the postpandemic period ［J］. Science, 2020, 368（6493）: 860 − 868.

［16］Chang S, Pierson E, Koh P W, et al. Mobility network models of COVID − 19 explain inequities and inform reopening ［J］. Nature, 2021, 589（7840）: 82 − 87.

［17］Koelle K, Martin M A, Antia R, et al. The changing epidemiology of SARS-CoV-2 ［J］. Science, 2022, 375（6585）: 1116 − 1121.

［18］Hamedmoghadam H, Jalili M, Vu H L, Stone L. Percolation of heterogeneous flows uncovers the bottlenecks of infrastructure networks ［J］. Nature Communications, 2021, 12: 1254.

［19］刘润然，李明，吕琳媛等. 网络渗流 ［M］. 北京: 高等教育出版社，2020.

［20］Rapisardi G, Kryven I, Arenas A. Percolation in networks with local homeostatic plasticity ［J］. Nature Communications, 2022, 13: 122.

［21］Néda Z, Ravasz E, Brechet Y, et al. Self-organizing processes: the sound of many hands clapping ［J］. Nature, 2000, 403: 849 − 850.

［22］郑志刚. 复杂系统的涌现动力——从同步到集体输运（上册）［M］. 北京: 科学出版社，2019.

［23］Motter A E, Zhou C, Kurths J. Network synchronization, diffusion, and the paradox of heterogeneity ［J］. Physical Review E, 2005, 71（1）: 016116.

［24］Chavez M, Hwang D U, Amann A, et al. Synchronization is enhanced in weighted complex networks [J]. Physical Review Letters, 2005, 94 (21): 218701.

[25] Zhou C, Kurths J. Dynamical weights and enhanced synchronization in adaptive complex networks [J]. Physical Review Letters, 2006, 96 (16): 164102.

[26] Lei W, Alves L G A, Amaral L A N. Forecasting the evolution of fast-changing transportation networks using machine learning [J]. Nature Communications, 2022, 13 (1): 4252.

[27] Ni Q, Tang M, Liu Y, et al. Machine learning dynamical phase transitions in complex networks [J]. Physical Review E, 2019, 100 (5): 052312.

第2章

复杂网络基础知识

2.1 基本参量的定义

2.1.1 度、度分布和度关联

节点的度（degree）是指与节点直接相连的边的数目。在无向网络中，节点 i 的度记作 k_i。在有向网络中，节点的度分为入度和出度。节点 i 的入度是指以它为弧头的有向边数目，记作 k_i^{in}；出度表示以该点为弧尾的有向边的数目，记作 k_i^{out}。图 2-1 是一个无向无权网络，

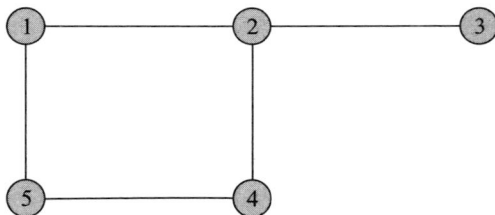

图 2-1　无向无权网络

其中 $k_1=2$，$k_2=3$。图 2-2 是一个有向无权网络，其中节点 1 的出度 $k_1^{out}=0$，入度 $k_1^{in}=2$。平均度 $\langle k \rangle$ 表示网络中所有节点度的平均值。平均度作为刻画网络稀疏性的指标，反映了网络中节点间连接的密集程度，其计算公式为

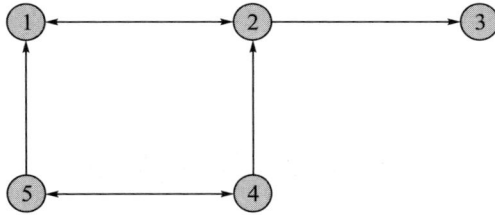

图 2-2 有向无权网络

$$\langle k \rangle = \frac{1}{N} \sum_{i=1}^{N} k_i = \sum_k p(k), \tag{2-1}$$

其中，N 为网络中的节点总数，k_i 为节点 i 的度，$p(k)$ 为网络的度分布。在有向网络中尽管单个节点的出度和入度并不相同，但网络的平均出度 $\langle k^{out} \rangle$ 和平均入度 $\langle k^{in} \rangle$ 却是相同的，为 M/N，其中 M 为总边数。

度分布（Degree distribution）用于描述网络中节点度的分布特性。度分布 $p(k)$ 表示网络中各个度出现的频率，也可以理解为网络中随机选择的节点度为 k 的概率。度分布的计算式为

$$p(k) = \frac{N_k}{N}, \tag{2-2}$$

其中，N_k 表示网络中度为 k 的节点数量，N 表示网络中的总节点数量。网络结构决定度分布的形式。如随机网络的度分布近似服从泊松分布，而大多数真实网络和无标度网络的度分布则呈现出幂律分布形式。

度关联（Degree correlation）反映了网络中边所连接的两个节点度值的相关性，也称度相关性。若网络中度值大的节点倾向于与度值大的节点相连，度值小的节点倾向于与度值小的节点相连，则网络是正相关的，称网络为同配网络；反之，若度值大的节点倾向于和度值小的节点相连，则网络是负相关的，称网络为异配网络。

为了量化网络中节点度之间的相关性，引入余平均度 $\langle k_{nn} \rangle(k)$，表示度值为 k 的节点其所有邻居节点度的平均值。余平均度计算式为

$$\langle k_{nn} \rangle(k) = \sum_{k'} k' P(k' \mid k), \tag{2-3}$$

其中 $P(k' \mid k)$ 表示边的一端节点度值为 k 时，另一个节点度值为 k' 的概率。

若 $P(k' \mid k)$ 与 k 无关，则为无关联网络。当网络度正相关时，$\langle k_{nn} \rangle (k)$ 随 k 的增大而递增；当网络度负相关时，$\langle k_{nn} \rangle (k)$ 则随 k 增大而递减；当网络中不存在度相关性时，$\langle k_{nn} \rangle (k)$ 为常数，即

$$\langle k_{nn} \rangle (k) = \sum_{k'} k' P(k' \mid k) = \sum_{k'} \frac{k'^2 p(k')}{\langle k \rangle} = \frac{\langle k^2 \rangle}{\langle k \rangle}, \quad (2-4)$$

其中，$p(k')$ 表示网络中度为 k' 的节点概率。通常 $\langle k^2 \rangle / \langle k \rangle$ 的值大于平均度 $\langle k \rangle$，这意味着从统计的角度来看，在社交网络中，个体朋友的平均朋友数往往超过他本人的朋友数。

网络的同配性[1]可计算为

$$r = \frac{M^{-1} \sum_i j_i k_i - \left[M^{-1} \sum_i \frac{1}{2}(j_i + k_i) \right]^2}{M^{-1} \sum_i \frac{1}{2}(j_i^2 + k_i^2) - \left[M^{-1} \sum_i \frac{1}{2}(j_i + k_i) \right]^2}, \quad (2-5)$$

其中，j_i 和 k_i 分别是第 i 条边两端节点的度，$i = 1, 2, \cdots, M$，M 是网络总边数。同配网络 $r > 0$，异配网络 $r < 0$，无关联网络 $r = 0$。

2.1.2　最短路径

网络中一对节点 i 和 j 的最短路径（Shortest path）d_{ij} 是连接该对节点的全部路径中长度最短的一条，也称作"地理路径"。一对节点之间可能不止一条最短路径，这些路径可能共享若干个节点。路径的长度是指该路径中边的数目。在不连通的网络中，不存在路径的两个节点的地理路径长度可看作是无穷的。最短路径体现出了网络的连通性，最短路径越短说明网络的连通性越强。

对于无权网络，计算节点 j 到其余节点的最短路径可以采用图的广度优先遍历算法：

（1）设 $d = 0$，为节点 j 赋予距离 d，表示 j 与自身的距离为 0。

（2）对于每一个已经计算过距离的节点 k，与它直接相连的节点为 m。若 m 还没有赋予距离 d，则将 m 的距离赋值为 $d + 1$，并将 k 记为 m 的前驱。

（3）若 m 已经被赋予过距离且其值等于 $d + 1$，k 仍然被记作 m 的前驱。

（4）$d = d + 1$。

（5）从第（2）步开始重复，直到全部节点都被赋予过距离值。节点 i 到 j 的最短路径是从 i 开始，沿着其前驱节点向前递进直到到达节点 j 的一条或多条路径。

对于带权网络，求最短路径时，首先选择一个起始点作为遍历的起点，然后使用深度优先搜索或广度优先搜索的方法对图进行遍历。在遍历的过程中，记录下所有能够到达终点的路径。最终，在所有这些路径中，挑选边的权重之和最小的路径作为最终确定的最短路径。如图 2-3 所示的有向加权图中，选取 a 为起始点，d 为终点，采用深度优先遍历获取最短路径：

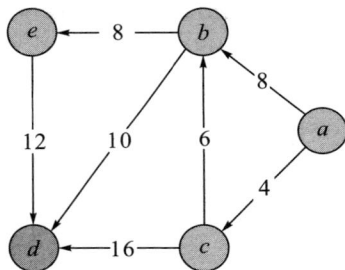

图 2-3　深度优先搜索求最短路径

（1）以 a 作为遍历的起始点、d 作为终点。

（2）通过遍历的方式获取 a 到 d 的所有路径，总共有 5 条路径：①$a \rightarrow b \rightarrow d$，②$a \rightarrow b \rightarrow e \rightarrow d$，③$a \rightarrow c \rightarrow d$，④$a \rightarrow c \rightarrow b \rightarrow d$，⑤$a \rightarrow c \rightarrow b \rightarrow e \rightarrow d$。

（3）从中挑选出长度最短的路径，即 $a \rightarrow b \rightarrow d$，其长度为 18。

使用遍历的方法来获取单源最短路径是一种暴力破解方法。算法的性能与遍历过程的效率密切相关。使用深度优先搜索进行遍历时，时间复杂度为 $O(V + E)$，其中 V 代表节点数，E 代表边数。

网络直径定义为网络中所有点对最短路径的最大值，即 $\max(d_{ij})$。整个网络的平均最短路径 l 是指全部点对最短路径的平均值，即

$$l = \frac{2}{N(N-1)} \sum_{i>j} d_{ij}, \tag{2-6}$$

l 也称为网络的特征距离。当 l 较大时，网络上的动力学过程就相对缓慢，如

流行病传播、信息流等。研究显示，社会网络具有非常短的平均路径长度，$l \propto \ln N$。"六度分离"理论指出，人类社会关系网络的平均最短路径长度 $l \approx 6$[2]。计算机网络的平均最短路径 l 与其规模之间同样存在对数的增长关系。对于万维网，其平均路径长度 $l \approx 17$。

2.1.3　聚类系数

聚类系数是衡量网络中节点聚集程度的指标。在许多现实世界的网络，如社交网络中，节点常形成紧密连接的群体。这种现象的发生概率通常远超过两个节点之间随机建立连接的平均概率。对于节点 i，若其度数为 k_i，则其邻居节点间理论上最多能形成 $k_i(k_i - 1)/2$ 条边。但在实际网络中，这些邻居节点之间并不互相连接。节点 i 的聚类系数 C_i 反映其邻居节点之间的连接紧密程度，其计算公式为

$$C_i = \frac{E_i}{\dfrac{k_i(k_i - 1)}{2}} = \frac{2E_i}{k_i(k_i - 1)}, \tag{2-7}$$

其中 E_i 代表节点 i 的 k_i 个邻居之间实际存在的边数。若节点 i 仅有一个邻居或没有邻居节点，则 $E_i = 0$，从而 $C_i = 0$。聚类系数的取值范围在 0 到 1 之间。图 2-4 展示了节点 i 的聚类系数为 1 的三种连接状况。

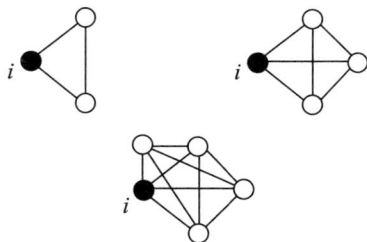

图 2-4

对于整个网络，平均聚类系数 C 是所有节点聚类系数的平均值，即

$$C = \frac{1}{N} \sum_{i=1}^{N} C_i. \tag{2-8}$$

由于网络可以由邻接矩阵 A 表示，节点 i 的聚类系数也可以表示为

$$C_i = \frac{1}{k_i(k_i-1)} \sum_{j,k} \boldsymbol{A}_{ij} \boldsymbol{A}_{jk} \boldsymbol{A}_{ki}. \tag{2-9}$$

网络平均聚类系数表示为

$$C = \frac{\sum\limits_{i,j,k} \boldsymbol{A}_{ij} \boldsymbol{A}_{jk} \boldsymbol{A}_{ki}}{\sum\limits_{i} k_i(k_i-1)}. \tag{2-10}$$

2.1.4 模体

模体是网络的构建块，是网络中反复出现的多节点互联模式。模体在复杂网络中出现的频率远高于在随机网络中出现的频率。图 2-5 展示了所有连接的 4-节点模体。

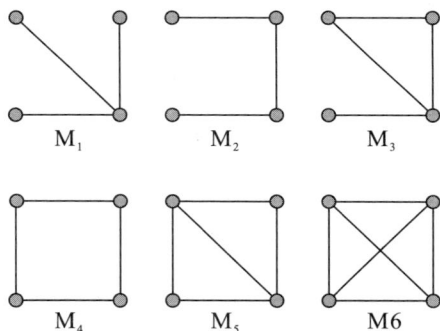

图 2-5 所有连接的 4-节点网络模体[4]

复杂网络中的模体并不遵循明显的有序模式。它们通常表现出一定的随机性，这反映了网络非规则性连接特征。识别和分析模体有助于理解网络的结构和功能，尤其是在揭示隐藏的模块化特性和网络功能机制方面。图 2-6 展示了对一个简单的网络进行模体检测的示意图。图 2-6（a）展示了一个由 16 个节点构成的有向网络，其包含的三角形模体频繁出现。图 2-6（b）展示了对真实网络进行随机化后的结果。可以看到模体在真实网络中出现的频率远高于在随机化网络中出现的频率。

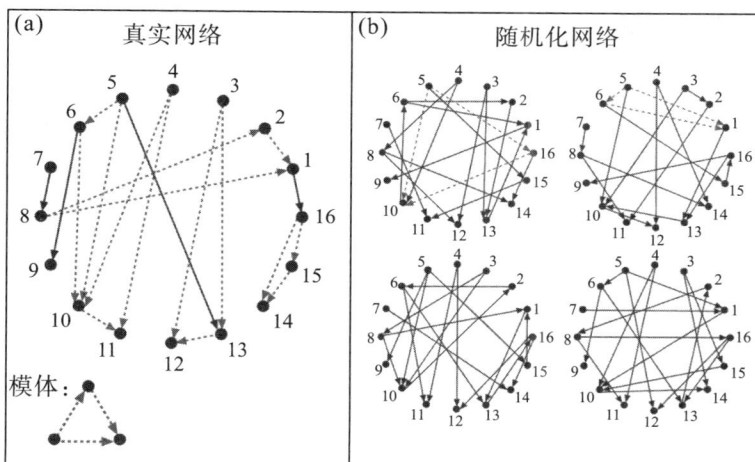

图 2−6　网络模体检测示意图[5]

2.2　网络模型

2.2.1　随机网络

ER（Erdös-Rényi）随机网络[6]由匈牙利数学家 Erdös 和 Rényi 在 1959 年提出。在 ER 随机网络中每对节点之间以概率 p 连接，且各对节点之间的连接概率相互独立。生成 ER 网络的步骤如下：

（1）创建一个包含 n 个节点的空网络。

（2）对于每对节点，以概率 p 进行连接。

（3）重复步骤（2），直到对所有节点对都进行了连接。

通过 Python NetworkX 库中提供的 erdos_renyi_graph(n, p) 函数可以生成 ER 随机网络，其中 n 代表节点个数，p 代表连边概率。生成的 ER 随机网络具有以下特点：

（1）节点的度分布：ER 随机网络的度分布近似于泊松分布，即满足

$$p(k) = \frac{\langle k \rangle^k}{k!} e^{-\langle k \rangle}$$

（2）平均度：ER 随机网络的平均度数为 $\langle k \rangle = p(n-1)$，其中 p 是连

接概率，n 是节点数量。当 p 较小时，网络的平均度数较低；当 p 较大时，网络的平均度数较高。

（3）低聚类系数：ER 随机网络的平均聚类系数为 $C = np/\{2(n-1)\}$。当 n 很大时，C 趋近于 0，表明 ER 随机网络的节点之间的连接非常稀疏，聚类系数较小。

（4）平均最短路径长度：ER 随机网络的平均最短路径长度随着网络规模的增加而增加，但增长速度相对较慢。

2.2.2　小世界网络

WS 小 世 界 网 络[7]（Watts-Strogatz small-world network）由 Duncan J. Watts 和 Steven H. Strogatz 在 1998 年提出，用于描述在实际网络中观察到的小世界现象。小世界网络的特点是节点与附近的邻居相连并保持较短的平均路径长度和较高的聚类。WS 小世界网络的生成步骤如下：

（1）创建一个具有 n 个节点的环形网络，每个节点与其相邻的 $k/2$ 个节点连接，k 为每个节点平均度数。

（2）对每个节点以 p 的概率进行重连操作，即以 p 概率断开该节点的一条边，将这条边重新连接到一个随机选择的节点上。

（3）重复步骤（2），直到所有的节点都被访问过。

此外，可通过 NetworkX 库中提供的 watts_strogatz_graph(n，k，p）来生成 WS 小世界网络，其中 n 代表节点个数，k 代表每个节点的平均度数，p 代表重连概率。生成的 WS 小世界网络具有以下特点：

（1）较短的平均路径长度：WS 小世界网络具有较短的平均最短路径长度，即节点之间的距离较小。这意味着网络中的节点可以通过相对较少的中间节点进行快速的信息传播。

（2）高聚类系数：节点的邻居间倾向于相互连接，即节点连接形成较多的三角形，构成了紧密连接的群集或社区。

（3）平滑度参数：通过调整重连概率 p，可以控制网络的平滑度。当 p 较小时，网络更接近于原始环形结构；当 p 较大时，网络更接近于随机图。

2.2.3　BA 无标度网络

BA（Barabási-Albert）无标度网络由 Barabási 和 Albert 在 1999 年提出[8]。其特点是节点之间的连接是依据节点度数的幂律分布产生。少量节点拥有更多的连接，而大多数节点只有很少的连接。生成 BA 网络的步骤如下：

（1）创建含有 m_0 个节点的初始网络。

（2）每个时间步 t，向网络中添加一个带有 m（$m \ll m_0$）条边的节点。这些边将新节点连接到网络中已经存在的节点上。新节点连向已有节点 i 的概率 q_i 与其度 k_i 成正比，即

$$q_i = \frac{k_i}{\sum_j k_j} \tag{2-11}$$

（3）重复步骤（2），直到网络中节点数达到预设值 N 时停止。

通过 NetworkX 库中提供的 barabasi_albert_graph(n, m) 函数可以生成 BA 无标度网络，其中 n 代表节点个数，m 代表每个新节点连接到已有节点的数量。生成的 BA 无标度网络具有以下特点：

（1）无标度性：BA 无标度网络的度分布呈幂律分布，即 $p(k) = 2m^2/k^3$。网络中存在少数的"超级节点"，它们拥有非常多的连接，而大多数节点只有较少的连接。

（2）高聚类系数：BA 无标度网络的聚类系数满足 $C \sim (\ln N)^2/N$。该网络具有较高的聚类系数，表明节点之间的连接倾向于聚集在一起，形成群集或社区。

（3）平均路径长度短：BA 网络具有较短的平均最短路径长度，满足

$$L \sim \begin{cases} \ln N, & m = 1, \\ \dfrac{\ln N}{\ln(\ln N)}, & m \geqslant 2. \end{cases} \tag{2-12}$$

2.2.4　配置模型

在复杂网络中，配置模型（Configuration model）是一种从给定度序列中

生成随机网络的方法[9]。配置模型允许设置任意度分布，生成配置模型的算法可以概括为以下步骤：

（1）确定度序列：首先为每个节点指定一个度（即连接数）k_i。节点的度数表示为线头（half-links）或存根（stubs），如图 2 - 7（a）所示。所有节点度数的总和（即线头的总和）必须是偶数，以便构成网络。度序列可以基于理论分布确定，也可以根据真实网络的邻接矩阵来确定。

（2）连接线头形成边：从度序列生成的存根中随机选择两个，连接它们形成一条边。然后从剩余的存根中选择一对进行连接。这个过程重复进行，直到所有存根都被用完。最终得到具有预定义度序列的网络。如图 2 - 7 所示，网络的具体形态会根据存根的选择顺序而有所不同，可能包括环路（b）、自循环（c）或多重链接（d）。

这种配置模型允许研究者探索和理解复杂网络中节点间如何基于各自属性相互连接，从而揭示网络结构的重要特性。需要注意的是，这个模型更关注链接的生成和网络的静态结构特征，而非节点或网络本身的动态演化过程。

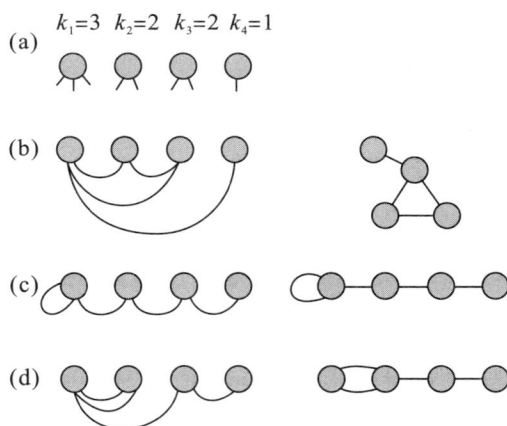

图 2 - 7　配置模型[9]

2.3　几类网络的表示

2.3.1　单层网络

在复杂网络理论中，单层网络由节点和连边组成，表示为 $G=(V,E)$，其中，V 为非空的有限节点集，E 是边的集合。V 中的每个节点代表系统中的一个元素，而 E 中的每条边表示一对节点之间的交互关系。节点和连边可以具有不同的含义，这取决于具体的应用。例如，在社交网络中，节点表示人，连边表示人与人之间的友谊关系；在互联网中，节点表示网页，连边表示超链接；在蛋白质交互作用网络中，节点表示蛋白质，连边表示蛋白质之间的相互作用。

矩阵是图论中的有力工具，广泛用于表示简单网络中的邻接关系。我们可以用四种主要的矩阵来描述网络中的邻接关系：邻接矩阵、加权邻接矩阵、关联矩阵和度矩阵。邻接矩阵提供了一种清晰、精确的方式来表示网络的结构。如果节点 i 与节点 j 之间有连接，则矩阵中相应的元素（位于第 i 行和第 j 列）被赋予一个非零值。邻接矩阵 A 可以表示为

$$a_{ij}=\begin{cases}1,\text{节点 }i\text{ 和节点 }j\text{ 之间存在连边,}\\0,\text{节点 }i\text{ 和节点 }j\text{ 之间不存在连边.}\end{cases} \qquad (2-13)$$

图 2-8 展示了一个无权无向图的拓扑结构及邻接矩阵。对于无向网络，该矩阵是对称的。

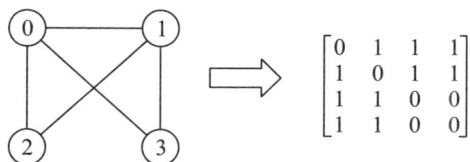

图 2-8　无权无向图的拓扑结构及邻接矩阵

在带权网络中，每条边 (i,j) 具有特定的权重，反映连接的强度、容量、长度或其他重要属性。邻接矩阵 A 的元素定义为 a_{ij}。如果顶点 i 和 j 存在

连接，a_{ij} 等于边的权重；否则，它通常被设置为 0（或无穷大），即

$$a_{ij} = \begin{cases} w_{ij}, & \text{节点 } i \text{ 和节点 } j \text{ 之间存在权重为} w_{ij} \text{的连边,} \\ 0, & \text{节点 } i \text{ 和节点 } j \text{ 之间不存在连边.} \end{cases} \quad (2-14)$$

图 2-9 展示了一个加权无向图的拓扑结构及邻接矩阵。

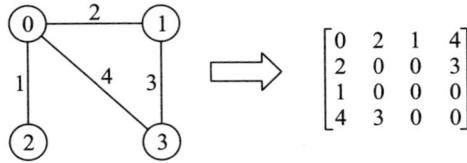

图 2-9　加权无向图的拓扑结构及邻接矩阵

除了邻接矩阵外，关联矩阵和度矩阵也可以表示网络中的邻接关系。关联矩阵 $\boldsymbol{B}$ 中行对应于顶点，列对应于边，表示为

$$b_{ij} = \begin{cases} 1, & \text{若节点 } i \text{ 是边 } j \text{ 的一端,} \\ 0, & \text{若节点 } i \text{ 不是边 } j \text{ 的一端.} \end{cases} \quad (2-15)$$

度矩阵 $\boldsymbol{D}$ 是一个对角矩阵，表示为

$$\boldsymbol{D} = \begin{bmatrix} k_1 & 0 & \cdots & 0 \\ 0 & k_2 & \cdots & 0 \\ \vdots & \vdots & \ddots & \vdots \\ 0 & 0 & \cdots & k_n \end{bmatrix}, \quad (2-16)$$

其中 $k_i = \sum_{j=1}^{n} a_{ij}$ 对应于顶点 i 的度（即连接到顶点 i 的边的数目）。

2.3.2　多层网络

真实社会中，网络通常不是孤立存在，而是相互依赖、共同作用。如社交网络中，同一群人可以通过友谊、协作或商务活动产生联系；在交通网络中，城市之间通过航空网、铁路网和公路网连接。多层网络提供了捕获相互耦合的复杂系统的框架。相比于单一网络，多层网络不但具有更为复杂的结构，如多种结构的网络组合和复杂的层间耦合方式，而且其上的动力学行为也更为丰富。

多层网络使用一组邻接矩阵来描述网络中各层的内部结构以及层间连接[10]。如多层网络 $M = (G, C)$ 由一组简单网络 $G = G_\alpha$（$\alpha \in 1, \cdots, m$）组成，每个简单网络 $G_\alpha = (V_\alpha, E_\alpha)$ 属于 M 的一层。层 G_α 中节点集表示为 $V_\alpha = v_1^\alpha, \cdots, v_{n_\alpha}^\alpha$。$C$ 表示不同层节点之间的连边集合，$C = E_{\alpha\beta} \subseteq V_\alpha \times V_\beta$，$\alpha, \beta \in 1, \cdots, m$，$\alpha \neq \beta$。每一层内的连接称为层内边 E_α。层间连接 $E_{\alpha\beta}$（$\alpha \neq \beta$）将不同层的节点连接在一起。每一层网络 G_α 的邻接矩阵表示为 $A^{[\alpha]} = (a_{ij}^\alpha) \in \mathbf{R}^{n_\alpha \times n_\alpha}$，其中

$$a_{ij}^\alpha = \begin{cases} 1, & 若 (v_i^\alpha, v_j^\alpha) \in E_\alpha, \\ 0, & 若 (v_i^\alpha, v_j^\alpha) \notin E_\alpha. \end{cases} \tag{2-17}$$

层间邻接矩阵由 $A^{[\alpha, \beta]} = (a_{ij}^{\alpha\beta}) \in \mathbf{R}^{n_\alpha \times n_\beta}$ 表示，其中

$$a_{ij}^{\alpha\beta} = \begin{cases} 1, & 若 (v_i^\alpha, v_j^\beta) \in E_{\alpha\beta}, \\ 0, & 若 (v_i^\alpha, v_j^\beta) \notin E_{\alpha\beta}. \end{cases} \tag{2-18}$$

多层网络 M 的投影 $proj(M) = (V_M, E_M)$，其中节点集为 $V_M = \bigcup_{\alpha=1}^m V_\alpha$，边集为

$$E_M = \bigcup_{\alpha=1}^m E_\alpha. \tag{2-19}$$

投影网络是将各层网络聚集后产生的节点集和边集。图 2-10 是一个多层网络示意图[11]。实体以不同的方式进行交互，多层网络的每一层对应一种类型的交互，如社交关系、商业关系、协作等，由不同的邻接矩阵表示。

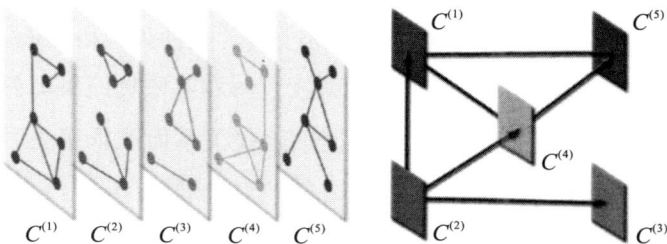

图 2-10　多层网络示意图

为描述各种相互耦合、相互依赖的复杂系统，研究人员提出了多种多层网络模型，如多路复用网络模型、相互依赖网络模型与相互连接网络模型。

多路复用网络（Multiplex network）是多层网络模型中最简单的形式，用于表示同一组节点间不同类型的交互。如同一群人可以通过在线社交关系、朋友关系和同事关系产生联系。在交通网络中，城市间通过航空、铁路、公路和航运几种不同方式相连。多路复用网络具有两个特征：

（1）多路复用网络的各层节点是完全对应的，表示现实中的同一个体。在不同层中相互对应的节点互为副本节点。

（2）多路复用网络的不同层代表这些节点不同类型的交互，交互通过层内边表示，层间边用于连接节点与副本节点，表示节点间的对应关系。

相互依赖网络（Interdependent network）是多层网络中的另一种类型。相互依赖网络中节点由两种不同性质的边连接，分别是层内用于表示节点交互关系的连接边和层间用于表示节点间依赖关系的依赖边。相互依赖网络常被用于表示相互依存的系统，即其中一个系统的正确运行在很大程度上取决于其他系统的运行状况。从网络鲁棒性的角度来看，在单层网络中若节点有多条通向巨大连通分量（Giant connected component，GCC）的连边，只有当所有的连边失效时，该节点才会失效。而在相互依赖网络中，依赖边连接两个不同网络中的节点。节点是否能正常发挥作用，不仅与其在所在层是否连向GCC 有关，也取决于其通过依赖边连向的另一个网络中的支持节点。即使节点连接到其所在网络的 GCC，如果支持节点失效，该节点也会随之失效。现实中较为典型的相互依赖系统例子是电力网络与通信网络，电力网络需要依赖通信网络来对电力系统进行控制，而通信网络的正常运行需要电力网络给予能源支持。这两个网络相互依赖、互相支持，被抽象为相互依赖网络。

相互连接网络（Interconnected network）与相互依赖网络类似，但相互连接网络的层间边用于表示不同层节点间的连接关系而非依赖关系。相互连接网络由两个及以上网络组成，不同层之间节点可通过层间边相互连接。相互连接网络典型的例子是城市中的地铁网络与道路网络。地铁网络中地铁站被抽象为网络中的节点，通过轨道相连的地铁站之间具有连边。道路网络中将路段抽象为节点，相邻路段间具有连边。这两个网络间的层间连边将其相连形成相互连接网络，表示乘客在一次出行中可以更换交通工具，从而在两层网络间转换。

2.3.3　时变网络

时变网络（Temporal network）是指在网络中，节点之间的连接关系随着时间发展而变化的一种网络结构[12]。传统的网络模型通常假设网络的连接关系是静止不变的，而时变网络则考虑了网络中连接的动态性和时间维度。在时变网络中，节点之间的连接可以随着时间的推移而建立、断开、重新建立，从而形成不同的网络拓扑。时变网络可以用于描述许多现实世界中的情况，例如社交网络中人际关系的变化、互联网上网页之间的链接变化、物流网络中货物流动的变化等。这种类型的网络模型能够更准确地捕捉真实世界中事物的演化和变化过程。研究时变网络可以帮助我们理解网络的动态特性，揭示出在不同时间尺度下网络结构的变化规律，探索信息传播、扩散以及其他网络现象在时间维度下的演化规律。为了分析时变网络，通常需要考虑时间信息，如节点连接的时间戳、连接持续时间等。

时变网络通过在邻接矩阵中加入时间维度来表示。时变网络

$$G(V, E) = \{G_1(V, E_1), G_2(V, E_2), \cdots, G_t(V, E_t)\}$$

其中 $G_t(V, E_t)$ 表示 t 时刻网络的底层结构，V 表示节点集，E_t 是 t 时刻的边集。对于 $t \neq t'$，则 $G_t(V, E_t) \neq G_{t'}(V, E_{t'})$。

时变网络可以用一组邻接矩阵 $\boldsymbol{A} = \{\boldsymbol{A}_1, \boldsymbol{A}_2, \cdots, \boldsymbol{A}_{t_{max}}\}$ 来表示，其中

$$a_t^{ij} = \begin{cases} 1, & \text{节点 } i \text{ 和节点 } j \text{ 在 } t \text{ 时刻相连}, \\ 0, & \text{节点 } i \text{ 和节点 } j \text{ 在 } t \text{ 时刻不相连}. \end{cases} \quad (2-20)$$

不同的时间点用不同的邻接矩阵来描述网络在特定时刻的结构。这样的表达方式允许捕捉和分析网络结构随时间的变化，进而理解网络的动态特性和演化规律。如图 2-11 所示[12]，随着时间的增加，网络的结构也在发生变化。

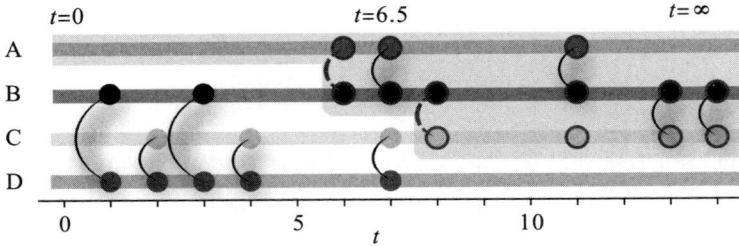

图 2 - 11　时变网络

2.3.4　高阶网络

单层网络与多层网络只能用于捕获节点间成对交互。然而个体之间的交互不仅发生在点对之间，而且发生在一组节点的集体交互之间。例如：学术论文通常由一组人共同完成；谣言传播在小范围群体中被加强；代谢反应需要多个反应物协同作用，蛋白质形成复合物以小群体相互作用。这种发生在群体间的交互被称为高阶交互，包含高阶交互的网络称为高阶网络（Higher-order network）[13-15]。

为了捕捉和描述任意数量的节点之间的相互作用，单纯复形被用作表示高阶相互作用的数学模型。d - 单纯形 σ^d 由 $d+1$ 个节点组成，表示为 $\sigma^d = \{v_0, v_1, \cdots, v_d\}$。单纯复形 K 是 n 个单纯形的集合。如果存在单纯形 $\sigma^d \in K$，则它的所有子单纯形 $\sigma_{sub}^d \subset \sigma^d$ 也属于单纯复形 K。如 2 阶单纯形 $\sigma^2 = \{v_0, v_1, v_2\} \in K$，则其所有子单纯形 $\{v_0\}$，$\{v_1\}$，$\{v_2\}$，$\{v_0, v_1\}$，$\{v_0, v_2\}$ 与 $\{v_1, v_2\} \in K$。在高阶网络中，0 阶单纯形表示节点，1 阶单纯形表示边，2 阶单纯形表示"满"三角面，3 阶单纯形表示四面体。0 ~ 3 阶单纯形及其组成的单纯复形如图 2 - 12 所示[13]。

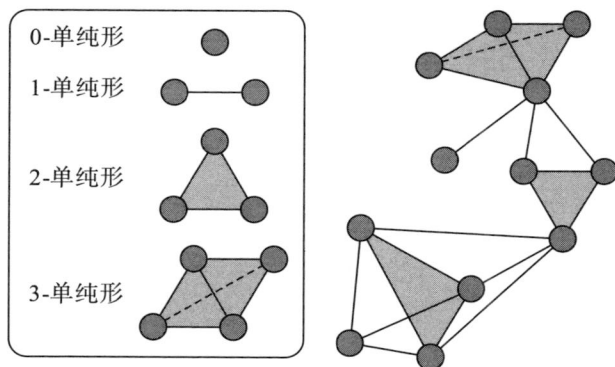

图 2-12　0~3 阶单纯形及单纯复形

根据随机单纯复形模型[13]，可以构建具有特定 $\langle k \rangle$ 和 $\langle k_\triangle \rangle$ 的单纯复形，其中，$\langle k \rangle$ 和 $\langle k_\triangle \rangle$ 分别是节点的平均度和节点上 2-单纯形的平均数目，也称为 1 阶平均度和 2 阶平均度。随机单纯复形用于生成匀质度分布网络，先以概率 $p_1 \in [0, 1]$ 在任意两节点间生成连边，此时节点的 1 阶平均度为 $p_1(N-1)$；然后以概率 $p_2 \in [0, 1]$ 在任意三个节点间生成 2 阶单纯形，则节点的 2 阶平均度为 $(N-1)(N-2)p_2/2$。单纯复形中高阶交互的所有子交互同样被包含在该单纯复形中。因此，生成 2 阶单纯形的过程中会增加节点的 1 阶平均度。

超图是高阶网络的另一种表示方法。超图 $H = \{V, E_H\}$，由一组节点 $V = \{v_i\}$ 和超边 $E_H = \{e_j\}$ 组成。超边表示高阶交互，一条超边中可包含任意数量的节点。超边的基数 m 表示超边中包含的节点数目。节点所参与的超边数称为该节点的超度。与单纯复形不同，超图不要求高阶交互的子交互被包含在超图中。超图提供了一种对高阶交互最一般和最不受约束的描述。图 2-13 是超边和超图的示意图[15]。

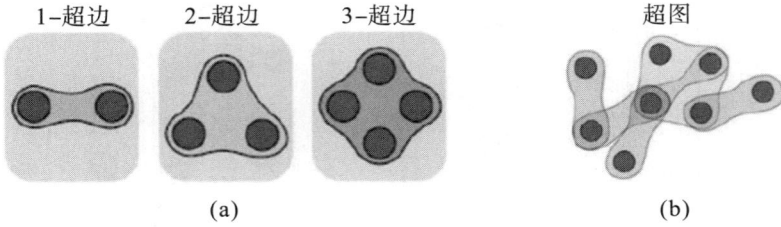

图 2-13　超边及超图示意图

习题二

1. 请解释节点的度、度分布、度关联、聚类系数。它们代表了节点或者网络结构的哪些特性？

2. 什么是网络的模体？识别模体对于理解网络结构有什么意义？

3. 随机网络和小世界网络之间有何区别？生活中有哪些随机网络和小世界网络的例子？

4. 无标度网络的主要性质是什么？这种性质对于网络有什么潜在的影响？请举例说明。

5. 请编程实现一个度序列相同的无标度网络和配置网络。

参考文献

［1］ Newman M E J. Assortative mixing in networks［J］. Physical Review Letters，2002，89：208701.

［2］ Milgram S. The small－world problem［J］. Psychology Today，1967，1（1）：61－67.

［3］ Costa L F，Silva F N. Hierarchical characterization of complex［J］. Journal of Statistical Physics，2006，125（4）：845－876.

［4］ Dey A K，Gel Y R，Poor H V. What network motifs tell us about reslience and reliability of complex networks［J］. Proceedings of the National Academy of Sciences，2019，

116（39）：19368－19373.

[5] Milo R，Shen-Orr S，Itzkovitz S，et al. Network motifs：simple building blocks of complex networks [J]. Science，2002，298（5594）：824－827.

[6] Gómez-Gardeñes J，Moreno Y. From scale-free to Erdos-Rényi networks [J]. Physical Review E，2006，73（5）：056124.

[7] Watts D J，Strogatz S H. Collective dynamics of 'small-world' networks [J]. Nature，1998，393（6684）：440－442.

[8] Barabási A－L，Albert R. Emergence of scaling in random networks [J]. Science，1999，286：509－512.

[9] Catanzaro M，Boguná M，Pastor-Satorras R. Generation of uncorrelated random scale-free networks [J]. Physical Review E，2005，71（2）：027103.

[10] Wang W，Nie Y，Li W，et al. Epidemic spreading on higher-order networks [J]. Physics Reports，2024，1056：1－70.

[11] De Domenico M，Sole′-Ribalta A，Cozzo E，et al. Mathematical formulation of multi-layer networks [J]. Physical Review X，2013，3：041022.

[12] Holme P，Saramäki J. Temporal networks [J]，Physics Reports，2012，519：97－125.

[13] Iacopini I，Petri G，Barrat A，et al. Simplicial models of social contagion [J]. Nature Communications，2019，10（1）：2485.

[14] Lung R I，Gaskó N，Suciu M A. A hypergraph model for representing scientific output [J]. Scientometrics，2018，117：1361－1397.

[15] Battiston F，Cencetti G，Iacopini I，et al. Networks beyond pairwise interactions：Structure and dynamics [J]. Physics Reports，2020，874：1－92.

第 3 章

复杂网络的结构

复杂网络结构的异质性导致网络中节点的重要性存在差异。重要节点相比于其他节点能更大程度地影响网络的结构与功能[1]。如社交网络中少量的"名人"可以快速将信息散布到整个网络，交通网络中部分站点的堵塞会导致交通网络的瘫痪。中心性用于评估网络中节点在结构上的重要性。中心性最成功的应用之一是基于 Web 的搜索引擎。Google 搜索引擎通过 PageRank 算法对网页进行排序，以匹配与关键词最相关的网页。中心性大致可分为三类[2]：第一类是基于节点邻域信息的中心性，如度中心性、半局部中心性和 k-壳中心性等。第二类是基于路径信息的中心性，如介数中心性、接近中心性、离心中心性和 Katz 中心性等。第三类是基于迭代细化的中心性，如特征向量中心性、HITS 和 PageRank 等。近二十年来，中心性在许多方面得到广泛应用，如识别网络中最有影响力的传播者[3]、预测蛋白质网络中的关键蛋白[4]、量化合作引文网络中科学家的影响力[5]等。随着研究的深入，各种基于中心性的节点重要性排序算法层出不穷。中心性的定义从简单网络推广到多层网络与高阶网络。本节首先介绍复杂网络中经典的节点中心性，再介绍多层网络与高阶网络上的节点中心性。

3.1.1　单层网络节点中心性

3.1.1.1　度中心性

度中心性是最简单的节点重要性评价指标，定义为节点的直接邻居数目。度中心性认为节点的直接邻居数目越多，该节点越重要[6]。用k_i表示节点i的度，数学定义为

$$k_i = \sum_j a_{ij}, \qquad (3-1)$$

其中a_{ij}是邻接矩阵$\boldsymbol{A}$的第i行、第j列的元素。若节点i与节点j相连，则$a_{ij}=1$，反之$a_{ij}=0$。度中心性因其简单、直观、计算复杂度较低等特点而得到广泛应用。如在网络遭受攻击时，相对于复杂度更高的介数中心性与特征向量中心性等，基于度中心性的目标攻击可以更有效地破坏网络[7]。

在有向图中，边具有方向，节点的度分为出度及入度。在加权网络中，度中心性k_i通常被强度s_i替代[8]，s_i定义为节点i周围直接连边的权值之和，数学表示为

$$s_i = \sum_j w_{ij}, \qquad (3-2)$$

其中，w_{ij}表示节点i与节点j连边的权值。若$w_{ij}=0$，表示节点i与节点j不直接相连。

3.1.1.2　k-壳中心性

度中心性只考虑节点的直接邻居数目，但节点的重要性还与节点在网络中所处的核心位置密切相关。节点在网络中的核心性可以通过k-壳分解（也称"k-核分解"）确定。该方法将网络中的节点从外向内层层剥离，确定节点的核心性。假设网络连通，则k-壳分解具体步骤如下：首先将网络中度为1的节点剥除，随着节点的剥除，网络中可能新产生度为0或1的节点，此时将新产生的度小于或等于1的节点剥离。重复此过程直到网络中所有节点的度均大于1。上述过程中被剥除的节点集被认为处于1-壳层，这些节点被赋予k-壳值$k_s=1$。按上述剥除过程，将剩余网络中度为2的节点剥除，这些节点被赋予k-壳值$k_s=2$。重复此过程直至网络中全部节点被剥除。网络中

每个节点被赋予唯一的 k – 壳值 k_s，也称为 k – 壳中心性或核心性。k_s – 壳层所包含的节点的度值必然满足 $k \geqslant k_s$。图 3 – 1 展示了在一个 k_s 最高为 3 的网络中的 k – 壳分解过程[3]。图 3 – 1（a）是原网络，图 3 – 1（b）、图 3 – 1（c）与图 3 – 1（d）分别是 $k_s = 1$，$k_s = 2$ 与 $k_s = 3$ 的节点集合。在图 3 – 1（b）中黑色节点的度为 7，但处于网络边缘。在图 3 – 1（d）中黑色节点度为 3，但处于网络核心。研究发现，网络中最有影响力的传播者是 k – 壳中心性最高的节点，而非度最大的节点[3]。

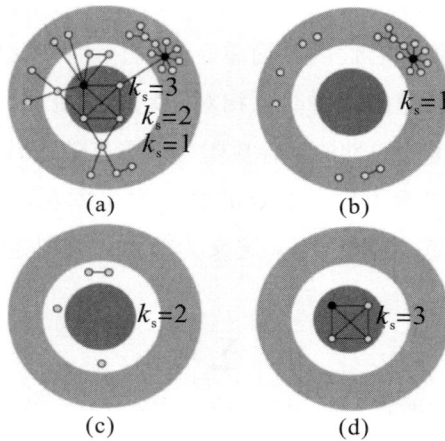

图 3 – 1 　 k – 壳分解过程

3.1.1.3　特征向量中心性

度中心性仅考虑节点的直接邻居数目，忽略了节点邻居之间重要性的差异。特征向量中心性考虑节点的重要性不仅与其直接邻居的数目相关，同时与直接邻居的重要性相关[10]。节点 i 的特征向量中心性 x_i 正比于与该节点相连节点的特征向量中心性之和，数学定义为

$$x_i = c \sum_{j=1}^{n} a_{ij} x_j, \qquad (3-3)$$

其中 c 是大于 0 的比例常数，将其写为矩阵形式为

$$\vec{x} = c\boldsymbol{A}\vec{x}. \qquad (3-4)$$

$\vec{x}$ 是矩阵 $\boldsymbol{A}$ 的特征值 C^{-1} 对应的特征向量。邻接矩阵 $\boldsymbol{A}$ 的最大特征值对应的

特征向量（主特征向量）为节点集的特征向量中心性。特征向量中心性可以通过幂迭代法进行求解[11]。

特征向量中心性会产生局部化问题，即特征向量中心性值通常会集中到少量节点上。Martin 等人在特征向量中心性的基础上，通过非回溯矩阵定义了非回溯中心性[12]。其主要思想为：聚合节点 j 邻居的重要性时，忽略节点 j 对其邻居重要性的影响，数学定义为

$$x_j = \sum_i A_{ij} v_{i \to j}, \tag{3-5}$$

其中 $v_{i \to j}$ 表示边 $i \to j$ 在网络的非回溯矩阵 $\boldsymbol{B}$ 的主特征向量中对应的分量，该值在计算过程中忽略了节点 j 对节点 i 的重要性的贡献。

在有向网络中，当节点入度为 0 时，则该节点的特征向量中心性值为 0。为了解决这个问题，alpha 中心性[13]被提出，其定义为

$$\vec{x} = \alpha \boldsymbol{A} \vec{x} + \vec{e}, \tag{3-6}$$

其中，$\vec{x}$ 为节点集的 alpha 中心性向量，向量 $\vec{e}$ 表示一个额外的重要性得分，这样即使存在节点入度为 0，该节点的 alpha 中心性也不会为 0。α 用于调节邻居重要性对节点的影响与额外重要性这两个量的相对重要性。

3.1.1.4　PageRank 中心性

PageRank 算法是谷歌公司于 20 世纪提出的网页排序算法，谷歌搜索引擎使用 PageRank 算法对互联网上各网页的重要性进行排序[14]。与特征向量中心性类似，PageRank 算法认为网页的重要程度既取决于指向它的页面数量，也取决于指向它的页面质量。PageRank 算法具体如下：初始时，每个节点都被赋予相同的 PR 值。在当前时间步内，节点将其 PR 值均等地分给它指向的邻居。下一时间步节点的 PR 值更新为该节点分到的 PR 值之和，其数学表达为

$$PR_i(t) = \sum_j^n a_{ji} \frac{PR_j(t-1)}{k_j^{\text{out}}}, \tag{3-7}$$

其中 k_j^{out} 是节点 j 的出度，$PR_j(t-1)/k_j^{\text{out}}$ 表示将节点 j 的 PR 值均分为 k_j^{out} 份，它指向的节点各得 1 份。迭代到每个节点的 PR 值不再变化为止，稳定后

的 PR 值即为该节点的 PageRank 中心性。

若网络中存在出度为 0 的节点，该节点的 PR 值将不会重新分配，可能导致上式不再收敛。与特征向量中心性类似，存在入度为 0 的节点时，该节点的 PR 值为 0。为了解决这些问题，改进版本的 PageRank 算法被推出，其数学表达式为

$$PR_i(t) = (1-s) \sum_j^n a_{ji} \frac{PR_j(t-1)}{k_j^{out}} + s \frac{1}{n}. \qquad (3-8)$$

改进的 PageRank 算法中引入了随机跳跃，s 是随机跳跃发生的概率。这样，网络中即使存在入度为 0 的节点，其 PR 值也不会为 0。

3.1.2 多层网络节点中心性

目前，多层网络中心性主要是对单层网络中心性的推广，本节将给出几种多层网络中心性的定义。

3.1.2.1 多层特征向量中心性

多层网络中存在层间相互作用，在度量节点重要性时有必要考虑层间的相互作用。Solá L 等人将特征向量中心性扩展到多层网络上，提出了局部异质特征向量中心性（Local heterogeneous eigenvector-like centrality）[15]。首先定义一个 $nm \times nm$ 的影响矩阵 $\boldsymbol{W}$，即

$$\boldsymbol{W} = \begin{bmatrix} w_{11} & \cdots & w_{1m} \\ \vdots & & \vdots \\ w_{m1} & \cdots & w_{mm} \end{bmatrix}, \qquad (3-9)$$

其中 $\boldsymbol{w}_{ab}$ 是一个 $n \times n$ 的矩阵，表示 b 层对 a 层的影响。同时，定义一个 $n \times nm$ 的矩阵 $\boldsymbol{A}$，即

$$\boldsymbol{A} = (\boldsymbol{A}_1 | \boldsymbol{A}_2 | \cdots | \boldsymbol{A}_m).$$

式中 $\boldsymbol{A}_m$ 表示第 m 层的邻接矩阵。将矩阵 $\boldsymbol{W}$ 与矩阵 $\boldsymbol{A}$ 进行 Khatri-Rao 乘积，得到 $\boldsymbol{A}^{\otimes}$，即

$$\boldsymbol{A}^{\otimes} = \begin{bmatrix} \boldsymbol{w}_{11} \, \boldsymbol{A}_1 & \cdots & \boldsymbol{w}_{1m} \, \boldsymbol{A}_m \\ \vdots & & \vdots \\ \boldsymbol{w}_{m1} \, \boldsymbol{A}_1 & \cdots & \boldsymbol{w}_{mm} \, \boldsymbol{A}_m \end{bmatrix}. \tag{3-10}$$

接下来计算矩阵$\boldsymbol{A}^{\otimes}$的最大特征值对应的特征向量，记为$\vec{\boldsymbol{c}}^{\otimes}$。$\vec{\boldsymbol{c}}^{\otimes}$是一个 $nm \times 1$ 的列向量。以 n 个元素为一组对$\vec{\boldsymbol{c}}^{\otimes}$进行切分，记为

$$\vec{\boldsymbol{c}}^{\otimes} = \begin{bmatrix} \vec{\boldsymbol{c}}_1^{\otimes} \\ \vec{\boldsymbol{c}}_2^{\otimes} \\ \vdots \\ \vec{\boldsymbol{c}}_m^{\otimes} \end{bmatrix}, \tag{3-11}$$

则$\vec{\boldsymbol{c}}_m^{\otimes}$被认为是第 m 层考虑层间相互作用后节点的特征向量中心性。最后，把节点在各层对应的特征向量中心性相加得到向量$\vec{\boldsymbol{C}}$，表示节点在多层网络中的中心性，即

$$\vec{\boldsymbol{C}} = \sum_{j=1}^{m} \vec{\boldsymbol{c}}_j^{\otimes}, \tag{3-12}$$

其中$\vec{\boldsymbol{C}}$是一个 $n \times 1$ 的列向量，$\vec{\boldsymbol{C}}$中第 i 行的值表示节点 i 的局部异质特征向量中心性值。该方法考虑了层间的影响，反映了节点在多层网络中的重要性。

3.1.2.2　多层 PageRank 中心性

考虑到节点中心性会受到节点在其他层副本的中心性的影响，Halu 等人将 PageRank 中心性扩展到多层网络上，提出 Multiplex PageRank 算法[16]。为方便描述，仅考虑由 A 和 B 两层网络组成的多层网络。首先在 A 层上计算节点 i 的 PageRank 中心性，记为 x_i。在 B 层中，节点的 Multiplex PageRank 中心性X_i定义为

$$X_i = s \sum_j x_i^{\beta} B_{ji} \frac{X_j}{G_j} + (1 - s) \frac{x_i^{\gamma}}{N \langle x^{\gamma} \rangle}, \tag{3-13}$$

其中，

$$G_j = \sum_r B_{rj} x_r^{\beta} + \delta \Big(0, \sum_r B_{rj} x_r^{\beta}\Big). \tag{3-14}$$

$\delta(a, b)$ 是克罗内克函数，当且仅当 $a = b$ 时 $\delta(a, b) = 1$，否则 $\delta(a, b) = 0$。s 是一个足够小的量，β 与 γ 是两个大于或等于 0 的参数，用

于实现不同的层间影响方式。式（3-13）等号右边第 1 项代表节点 i 获得来自 B 层指向 i 的节点的中心性，第 2 项代表节点 i 获得 i 在 A 层的中心性。当 $\beta = 0$，$\gamma = 1$ 时，A 层中心性较高的节点在 B 层中从邻居节点获得中心性的能力不会提高，仅增加随机跳跃的概率；当 $\beta = 1$，$\gamma = 0$ 时，A 层中心性较高的节点在 B 层中从邻居节点获得中心性的能力会得到增强，但随机跳跃的概率不被影响；当 $\beta = 1$，$\gamma = 1$ 时，A 层中心性较高的节点在 B 层中从邻居节点获得中心性的能力会得到增强，且随机跳跃的概率也会增加；当 $\beta = 0$，$\gamma = 0$ 时，A 层对 B 层不产生影响，完全相互独立。

3.1.2.3　多层 k-壳中心性

k-壳分解被扩展到多路复用网络[17]。以由 A 层和 B 层组成的双层网络为例，分别对网络 A 与网络 B 独立运用 k-壳分解，可以唯一确定节点分别在网络 A 和 B 中处于的 k_s-壳层。定义（k_1，k_2）-壳层中包含的节点在 A 层中处于 k_1-壳层且在 B 层中处于 k_2-壳层。图 3-2 展示了两层多路复用网络中的（k_1，k_2）-壳分解。图 3-2 中实线边表示 A 层的网络结构，虚线边表示 B 层的网络结构，由外向内的壳层数分别是（1，1）-壳，（1，2）-壳，（2，2）-壳和（1，3）-壳。

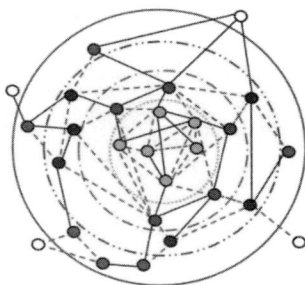

图 3-2　多路网络中（k_1，k_2）-壳分解

3.1.3　高阶网络节点中心性

Tudisco 等人提出超图上的特征向量中心性，考虑超边的重要性依赖于该超边所包含节点的重要性，而节点的重要性依赖于该节点所参与的超边的重

要性[18]。超图上的特征向量中心性数学定义为

$$\begin{cases} x_i \propto g\left(\sum_{e:i\in e} w(e)f(y_e)\right), \\ y_e \propto \psi\left(\sum_{i\in e} v(i)\varphi(x_i)\right). \end{cases} \quad (3-15)$$

其中 x_i 表示节点 i 的特征向量中心性值，y_e 表示超边 e 的特征向量中心性值。$v(i)$ 与 $w(e)$ 分别为节点 i 与超边 e 的权值。g，f，ψ，φ 是四个映射函数，用于实现不同的依赖关系。如当 $g(x)=f(x)=\psi(x)=\varphi(x)=x$ 时，表示线性依赖关系，即超边的重要性正比于该超边所包含节点的带权重要性之和，节点的重要性正比于它所处超边的重要性之和；当 $g(x)=\sqrt{x}$，$f(x)=x$，$\psi(x)=e^x$，$\varphi(x)=\ln(x)$ 时，超边的重要性正比于该超边所包含节点的带权重要性之积，节点的重要性正比于它所处超边的重要性之积；当 $g(x)=x$，$f(x)=x$，$\psi(x)=x^{1/a}$，$\varphi(x)=x^{-1/a}$ 时，超边的重要性正比于该超边所包含节点的带权重要性最大值，节点的重要性正比于它所处超边的重要性最大值。将上式写为矩阵形式为

$$\begin{cases} \lambda\boldsymbol{x} = g(\boldsymbol{BW}f(\boldsymbol{y})), \\ \mu\boldsymbol{y} = \psi(\boldsymbol{B}^{\mathrm{T}}\boldsymbol{N}\varphi(\boldsymbol{x})). \end{cases} \quad (3-16)$$

式中 λ，μ 是比例常数。$\boldsymbol{x}$，$\boldsymbol{y}$ 分别是节点集与超边集的特征向量中心性，$\boldsymbol{B}$ 是超图的关联矩阵，超边 e 包含节点 i，则 $\boldsymbol{B}_{ie}=1$，反之 $\boldsymbol{B}_{ie}=0$。$\boldsymbol{W}$，$\boldsymbol{N}$ 分别是节点与超边的权重矩阵。

　　单层网络的 k-壳分解算法可以分离网络核心节点，当直接用于高阶网络时，会丢失网络的高阶信息。Mancastroppa 等人[19]将 k-壳分解扩展到超图上提出"超核心性"（hyper-coreness）。分解图时，同时考虑节点参与超边的数目和节点参与超边的大小。定义 (k,m)-超核（hyper-core）是原超图中的最大的子超图，且在子超图中，所有节点至少参与 k 条不同的超边，这些超边基数（包含节点数目）不小于 m。为获得 (k,m)-超核，首先移除基数小于 m 的超边，然后移除参与超边数目小于 k 的节点。随着节点的移除，部分超边的基数减小，上述过程重复多次，直到超图被完全分解。图 3-3 展示了

超核分解方法[19]。

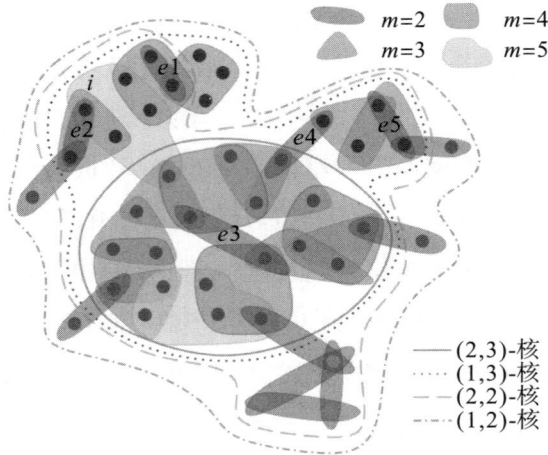

图 3-3 （k，m）-超核分解示意图

若节点属于（k，m）-超核但不属于（$k+1$，m）-超核，则节点 i 属于（k，m）-壳层，记为 $C_m(i)=k$。k_{max}^m 为使得（k，m）-壳层非空的最大 k 值。使用 $C_m(i)/k_{max}^m$ 量化节点 i 在超图中的连接程度，其值越大，该节点处于超图越核心的位置。节点 i 的超核 $R(i)$ 定义为

$$R(i) = \sum_{m=2}^{M} \frac{g(m) C_m(i)}{k_{max}^m}, \qquad (3-17)$$

其中 m 表示超边基数，$g(m)$ 是任意的权重函数，用于为不同尺寸的超边加权。$R(i)$ 聚合了节点 i 在不同尺寸超边中的核心数，可用于排序超图中节点的重要性。

3.2 社区结构

3.2.1 社区的定义及应用举例

许多真实的复杂网络具有社区结构。各社区内部成员之间连接紧密，而社区之间连接较为松散。在社会网络中，社区可以由朋友、同事、商务往来等关系形成；在科学引文网中，社区由相同主题的论文组成；在生物细胞网

络中，相似功能的细胞单元形成社区；在线社交网络的成员由其地理位置、兴趣爱好、年龄等的差异形成不同社区。已有许多模型和方法来构建和分析社区网络[20]。图 3 - 4 所呈现的网络揭示其社区结构性质，整个网络包含三个社区，每个社区内部的节点紧密相连，社区之间的连接较为稀疏。下面以计算机科学中的图分割（Graph partition）和社会学中的网络聚类（Hierarchical clustering）为例，说明社区结构分析在揭示事物内在组织结构和关联方面的作用。

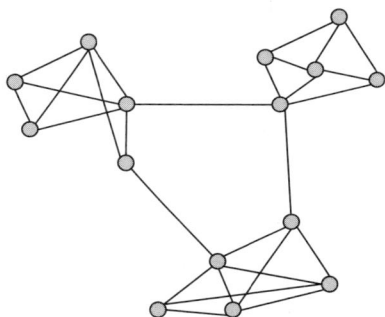

图 3 - 4　一个具有社区结构的网络

假设我们拥有一张包含小猫和地面的图片，如图 3 - 5 所示，希望通过社区检测来对图像进行分割，将小猫和地面区域清晰地划分开来。将图像转化为图，每个像素对应一个节点。当两个像素在颜色或纹理等特征上相似时，在其对应节点间建立一条边。接着，采用谱聚类、Louvain 算法或 CNM 算法等社区划分方法，识别图像中的社区结构。在这个应用场景下，社区可被视为一组相似像素的集合，这些像素在颜色和纹理等方面具有一定的相似性。通过将每个社区中的像素分配到同一个区域，实现图像分割。这一操作使得图片中的小猫和地面区域被明确地分隔开了。同时，每个区域内的像素拥有着相似的视觉特征，增强了图像的表现力。通过社区检测算法，能够捕捉到图像内不同的结构和纹理，并将它们分割为具有内在一致性的区域。

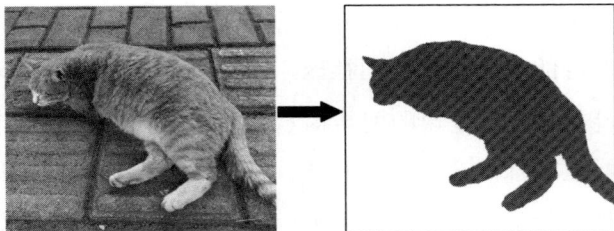

图 3-5　图像分割示意图

　　层次聚类是发现社交网络中社区结构的一类传统算法。该方法基于节点间的连接相似性或强度，将网络自然地分割成多个子群。层次聚类算法根据是增边还是删边分为凝聚方法和分裂方法两类。凝聚方法从单个节点开始，逐步将相似的节点合并成越来越大的社区。初始时，每个节点都被视为独立的社区，通过计算节点之间的相似性或连接强度，将最相似的节点逐渐合并到同一社区。这个过程会一直持续，直到所有节点都合并为一个大的社区，或者达到某个停止条件。分裂方法与凝聚方法相反，它从整个网络开始，逐步将网络分割为越来越小的社区。初始时，所有节点属于同一社区，通过计算社区内部节点之间的相似性或连接强度，选择一些节点分离出去，形成新的社区。这个过程会逐步重复，每次都会选择一个社区分裂为更小的社区，直到满足某个停止条件为止。如图 3-6 所示，原始的数据集通过层次聚类算法生成树状图。

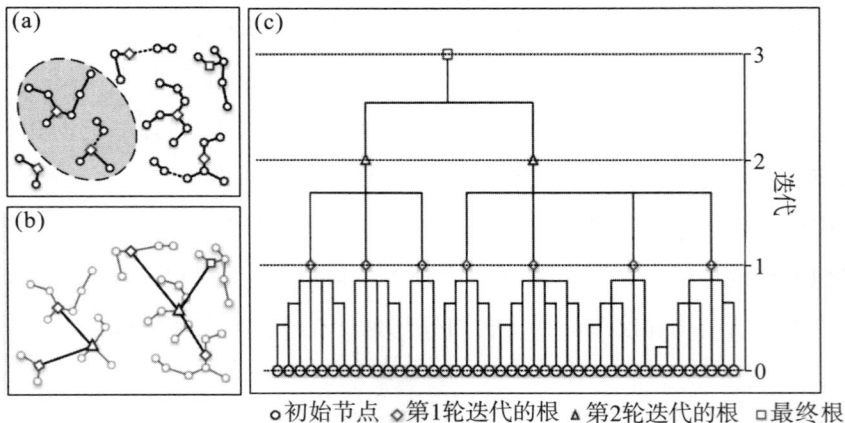

图 3-6　层次聚类过程示意图

3.2.2　社区检测算法

3.2.2.1　CNM 算法

模块度（Modularity）是网络分析中衡量社区划分质量的指标。模块度的值越大，表示分区越好。模块度的最大值会随着网络规模的增加和网络中社区数量的增加而增加。因此，模块度不应用于比较规模差异很大的网络的社区结构。模块度 Q 可以通过计算网络中各个节点所在社区内部边的数量（即内部边数）与整个网络中边的数量（即全部边数）之间的比例来计算，计算公式如下：

$$Q = \sum_i (e_{ii} - a_i^2), \tag{3-18}$$

其中，e_{ii} 是社区 i 内部的连边占整个网络边数的比例；a_i 是连接到社区 i 中顶点的所有边的比例。一般来说，模块度在 0 到 1 之间，0 表示没有社区结构，1 表示网络中所有节点都在同一个社区中。

模块度最大值的求解已经被证明是 NP 难题，出现了一系列基于谱优化、模拟退火和极值优化等的近似算法，这里介绍一种基于贪婪算法思想的社区结构检测算法——CNM（Clausset-Newman-Moore）算法[21]。该算法的计算复杂度为 $O(n\log^2 n)$，采用堆数据结构计算和更新模块度，具体描述如下：

（1）初始化。假设每个节点是一个独立的社区，模块度 $Q = 0$，初始的 e_{ij}、a_i 计算如下：

$$e_{ij} = \begin{cases} \dfrac{1}{2m}, & i \text{ 和 } j \text{ 相连}, \\ 0, & \text{其他情况}, \end{cases} \tag{3-19}$$

$$a_i = \frac{k_i}{2m}, \tag{3-20}$$

其中 m 是网络的总边数。初始的模块度增量矩阵的元素计算方式为

$$\Delta Q_{ij} = \begin{cases} e_{ij} - a_i a_j, & i \text{ 和 } j \text{ 相连}, \\ 0, & \text{其他情况}. \end{cases} \tag{3-21}$$

得到初始的模块度增量矩阵后，就可以得到由它每一行的最大元素构成的最

大堆 H。

（2）从最大堆 H 中选择最大的 ΔQ_{ij}，合并相应的社区 i 和 j，标记合并后社区的标号为 j；更新模块度增量矩阵 ΔQ、最大堆 H 和辅助向量 a_i 和 a_j。

①ΔQ 的更新：删除第 i 行和第 i 列的元素，更新第 j 行和第 j 列的元素，更新的规则为：

$$\Delta Q_{jk} = \begin{cases} \Delta Q_{ik} + \Delta Q_{jk}, & \text{社区 } k \text{ 与社区 } i \text{ 和社区 } j \text{ 都相连,} \\ \Delta Q_{ik} - 2a_j a_k, & \text{社区 } k \text{ 仅与社区 } i \text{ 相连,不与社区 } j \text{ 相连,} \\ \Delta Q_{jk} - 2a_i a_k, & \text{社区 } k \text{ 仅与社区 } j \text{ 相连,不与社区 } i \text{ 相连.} \end{cases}$$

$$(3-22)$$

②最大堆 H 的更新：更新最大堆中相应的行和列的最大元素；

③辅助向量 a_i 和 a_j 的更新：

$$a_j = a_i + a_j, \ a_i = 0. \qquad (3-23)$$

记录合并以后的模块度 $Q = Q + \Delta Q_{ij}$。

（3）重复步骤（2），直到网络中所有的节点都归到一个社区内。

在整个过程中，模块度 Q 仅有一个最大的峰值。当模块度增量矩阵中最大的元素小于零，Q 值就一直下降。因此，只要模块度增量矩阵中最大的元素由正变为负，就可以停止合并，此时的结果就是网络的社区结构划分。

3.2.2.2 派系过滤算法

派系过滤算法用于寻找网络中的派系，检测具有重叠性的社区结构，如图 3-7 所示。派系过滤算法的主要思想是将网络中的派系（k-派系）进行过滤和合并，识别出网络中的社区[22]。

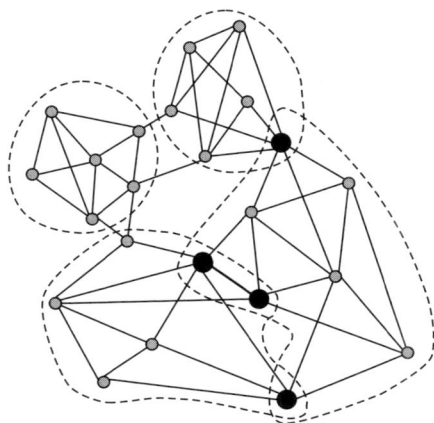

图 3-7 具有重叠性的社区结构图示，尺寸大的黑色节点同时属于多个社区

派系过滤算法遵循由大到小、迭代回归的策略。首先，基于节点的度，预测最大全耦合子图的大小 s。接着，从一个起始节点出发，寻找包含该节点的大小为 s 的派系。为了避免派系的重复计算，删除该节点以及与之相连的边，避免多次找到同一个派系。然后，选择另一个节点并重复上述步骤，直到网络中没有剩余的节点。通过这样的方式，可以找到网络中大小为 s 的所有派系。

随后，逐渐减小 s 的值（每次 s 值减小 1），并使用之前的方法来寻找网络中不同大小的派系。在此过程中，关键是如何从一个特定节点 v 出发，找到所有包含它的大小为 s 的派系。为此，引入集合 A 和 B。集合 A 包含节点 v 在内的两两相连的所有节点，集合 B 包含与集合 A 中的所有节点相连的节点。为了避免重复选择同一节点，按照节点序号对集合 A 和 B 中的节点进行排序。寻找包含节点 v 的所有大小为 s 的派系的算法步骤如下：

（1）初始时，集合 $A = \{v\}$，集合 $B = \{v$ 的邻居节点$\}$。

（2）从集合 B 中选择一个节点移动到集合 A 中，并删除集合 B 中不再与集合 A 中所有节点相连的节点。

（3）如果集合 A 的大小未达到 s，集合 B 已经为空，或者集合 A 和 B 是一个已有较大派系的子集，则停止计算并返回上一步。否则，当集合 A 的大小达到 s 时，得到一个新的派系，记录该派系，然后返回上一步，继续寻找包

含节点 v 的新派系。

在得到网络中所有的派系后，可以构建派系重叠矩阵。该矩阵是一个对称的方阵，其中每一行（列）代表一个派系，对角线上的元素表示相应派系的大小，非对角线元素表示两个派系之间的公共节点数。通过将对角线上小于 k 而非对角线上小于 $k-1$ 的元素置为 0，其他元素置为 1，可以得到 k-派系的社区结构邻接矩阵。不同的连通分量代表不同 k-派系的社区。

3.2.2.3　层次化社区检测

在复杂的现实网络中，节点往往呈现多层次的组织结构。大型社区内部可能包含较小规模的子社区，而这些较小规模的子社区内部也可能包含更小规模的社区。Blondel 等研究者提出 BGLL 的算法，用于分析带有权重的网络中的层次化社区结构[23]。该算法可以分为两个主要阶段：

初始阶段：假设网络中的每个节点都是一个孤立的社区。对于任意相邻的节点 i 和节点 j，计算将节点 i 加入其邻居节点 j 所在的社区（记为 C）时对应的模块度增量

$$\Delta Q = \left[\frac{W_c + s_{i,in}}{2W} - \left(\frac{S_c + S_i}{2W} \right)^2 \right] - \left[\frac{W_c}{2W} - \left(\frac{S_c}{2W} \right)^2 - \left(\frac{S_i}{2W} \right)^2 \right],$$

$$(3-24)$$

其中，$s_{i,in}$ 是节点 i 与社区 C 内其他节点所有连边的权重之和；W_c 是社区 C 内部所有连边的权重和；S_c 是指向社区 C 内节点的所有连边的权重和；S_i 是节点 i 所有连边的权重和；W 是网络中所有边的权重和。接下来划分网络中的节点以形成社区结构。计算每个节点与其相邻节点之间的模块度增量，并选择其中最大的一个。如果该增量是正数，将节点添加到相应相邻节点所在的社区；否则，节点将保留在原来的社区中。反复执行这个合并过程，直到不再有节点可以合并为止。这样就得到了第一层社区结构。

第二阶段：创建一个新的网络，其中的节点对应于第一层的社区。节点之间的边权重等于连接两社区之间所有边的权重之和。再次使用前述方法对这个新网络进行社区划分，得到第二层社区结构。这个循环会一直持续，直到无法划分出更高层次的社区结构为止。

图 3 - 8 呈现了 BGLL 算法在一个由约 200 万手机用户组成的网络中的应用效果示意[23]。图中的每个节点代表一个社区，而节点的大小则反映了相应社区内包含的用户数量（图中只展示了至少包含 100 个用户的社区）。这幅图直观地展示了 BGLL 算法如何对大规模网络进行社区划分，并呈现了社区大小的差异。

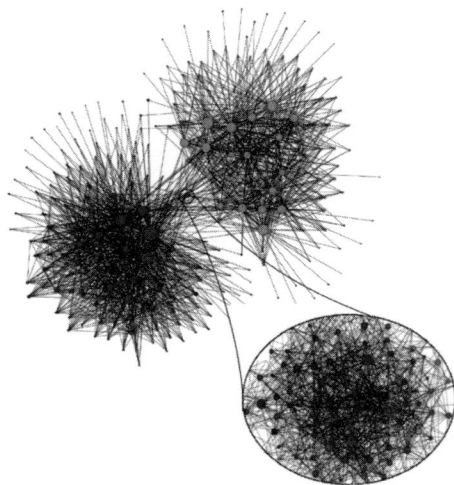

图 3 - 8　基于 BGLL 算法实例网络社区分析结果

3.2.3　社区检测算法的评价标准

3.2.3.1　基准图方法

将社区检测算法应用于实际网络分析时，主要从时间和性能两个方面来评估算法的效果。在时间上，算法应能在可接受的时间内给出社区划分结果。在性能上（也称为社区划分质量），人们关心算法是否能准确地揭示实际网络的社区结构。在开始研究时人们通常不知道网络的实际社区结构，需要用算法来发现这些结构。这带来的问题是如何在没有先验知识的情况下衡量算法得出的社区划分质量。尽管算法的计算复杂性有差异，但在未知真实社区结构的情况下比较算法性能仍是一个挑战。这类似于"先有鸡还是先有蛋"的问题：我们不知道实际社区结构，需要算法来揭示结构。这使得在没有先验知识的情况下衡量算法划分质量变得复杂。

解决这一问题的方法是找到公认社区结构的实际或人工构造网络，并将其作为基准图。一个优秀社区划分算法应对这些"基准图"能揭示出公认的社区结构。以 Zachary 的案例为例，他通过三年观察构建了一个 34 节点 78 边的空手道俱乐部网络（如图 3－9 所示）[24]。该网络反映了俱乐部成员间的社会关系，每节点代表一个成员，边表示在俱乐部之外的社交互动。尽管 Zachary 网络规模小，但社区划分算法能应用于识别该网络的社区。

获得具有社区结构的大规模实际网络作为基准图是非常困难的，研究人员考虑人工构造基准网络。例如，研究人员采用"l－划分的预设模型"构建社区网络：网络共包含 $N = g \times l$ 个节点，这些节点被划分成 l 组，每组包含 g 个节点。同一组内任意两个节点之间连接的概率为 p_{in}，不同组之间的节点连接的概率则为 p_{out}。每个组内部的子图与 ER 随机图类似。整个网络中每个节点的平均度为 $p_{in}(g-1) + p_{out}(l-1)$。当 $p_{in} - p_{out} > 0$，网络中不同组之间的连接较稀疏，而同一组内的节点之间的连接相对较密集。这种情况下，网络呈现出社区结构的特征。$p_{in} - p_{out}$ 的值越大，网络的社区结构就越明显。

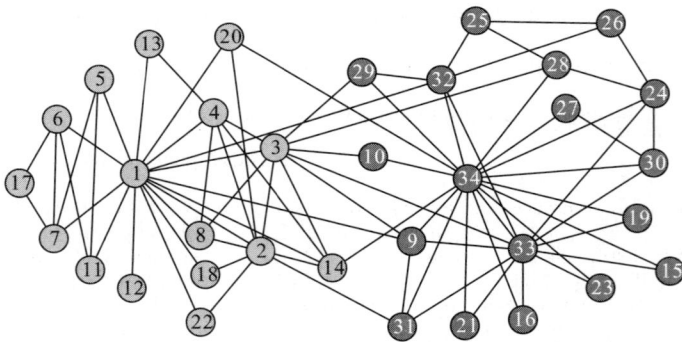

图 3－9　空手道俱乐部网络图示

3.2.3.2　元数据方法

在许多实际场景中，对节点的描述除了包含构建网络所需的信息，还可能包含一些额外的数据，这些数据有助于理解节点在网络中的角色以及节点之间的相似性。以购物网站为例，当用户考虑购买某个商品时，网站会根据商品的购买历史向用户推荐一些与所选商品同时被购买的其他商品。我们可以利用这个观点来构建一个共同购买商品的网络，规则如下：如果有两件商品被同一个用户同时购买，则在这两件商品之间建立一条连接。购物网站通常还会提供有关商品所属类别以及用户为该商品添加的标签等附加信息，这些被称为元数据。为了量化比较不同社区划分算法的效果，可以引入以下几个度量指标：

（1）社区质量（Community quality）。相似的节点应该共享尽可能多的元数据。基于这一想法，节点对相似性的富裕度（Enrichment）定义为

$$\frac{\langle \mu(i,j) \rangle_{\text{同一社区中所有的} i,j}}{\langle \mu(i,j) \rangle_{\text{网络中所有的} i,j}}, \tag{3-25}$$

其中，$\mu(i, j)$ 是基于元数据的节点 i 和 j 之间的相似度，对于不同的网络可以有不同的定义。富裕度是位于一个社区中的所有节点对之间的平均元数据相似度，富裕度越大就表明社区越紧密。

（2）重叠质量（Overlap quality）。对于网络中的各个节点 i，从其元数据中提取重叠元数据，该数值反映了节点 i 所属真实社区的数量。以单词关联网络为例，每个社区对应一组具有相同主题的单词。一个单词的多重定义性愈高，其涵盖的主题也愈多。在新陈代谢网络中，某种代谢物所参与的反应路径数量与其所属社区的数量相对应。因此，可以通过比较社区划分算法所确定的节点所属社区数目与节点元数据中的重叠信息来评估重叠质量。

（3）社区覆盖率（Community coverage）。计算归属于非平凡社区（包含 3 个或更多节点的社区）的节点所占的比例。

（4）重叠覆盖率（Overlap coverage）：计算平均每个节点所属的非平凡社区数量。两个算法的社区覆盖率可能相同，但其中一个算法可能提取更多重叠节点。对于不具备重叠性检测功能的社区算法，重叠覆盖率与社区覆盖率相等。

对上述 4 个指标的取值进行归一化，使得每个指标最大值为 1，最小值为 0。这 4 个归一化值之和就是算法的复合性能（Composite performance）。

习题三

1. 试比较不同的中心性适用的范围和场景。

2. 多层网络中心性是单层网络中心性在多层网络上的扩展。试扩展定义多层网络的度中心性。

3. 定义社区结构在复杂网络中的含义，并解释为什么社区检测对于理解网络行为是重要的。

4. 探讨社区检测方法在疾病传播模型中的可能应用，特别是如何通过识别关键的社区结构来预防疾病的快速扩散。

参考文献

[1] 任晓龙，吕琳媛. 网络重要节点排序方法综述 [J]. 科学通报，2014，59（13）：1175 – 1197.

[2] Lü L，Chen D，Ren X L，et al. Vital nodes identification in complex networks [J]. Physics Reports，2016，650：1 – 63.

[3] Kitsak M，Gallos L K，Havlin S，et al. Identification of influential spreaders in complex networks [J]. Nature Physics，2010，6（11）：888 – 893.

[4] Li M，Zhang H，Wang J，et al. A new essential protein discovery method based on the integration of protein-protein interaction and gene expression data [J]. BMC Systems Biology，2012，6：15.

[5] Radicchi F，Fortunato S，Markines B，et al. Diffusion of scientific credits and the ranking of scientists [J]. Physical Review E，2009，80（5）：056103.

[6] Freeman L C. Centrality in social networks conceptual clarification [J]. Social Networks，1978，1（3）：215 – 239.

[7] Iyer S，Killingback T，Sundaram B，Wang Z. Attack robustness and centrality of complex networks [J]. PLoS ONE，2013，8（4）：e59613.

[8] Barthélemy M，Barrat A，Pastor-Satorras R，et al. Characterization and modeling of

weighted networks [J]. Physica a: Statistical mechanics and its applications, 2005, 346 (1−2): 34−43.

[9] Carmi S, Havlin S, Kirkpatrick S, et al. A model of Internet topology using k-shell decomposition [J]. Proceedings of the National Academy of Sciences, 2007, 104 (27): 11150−11154.

[10] Bonacich P. Power and centrality: A family of measures [J]. American Journal of Sociology, 1987, 92 (5): 1170−1182.

[11] Hotelling H. Simplified calculation of principal components [J]. Psychometrika, 1936, 1 (1): 27−35.

[12] Martin T, Zhang X, Newman M E J. Localization and centrality in networks [J]. Physical Review E, 2014, 90 (5): 052808.

[13] Bonacich P, Lloyd P. Eigenvector-like measures of centrality for asymmetric relations [J]. Social Networks, 2001, 23 (3): 191−201.

[14] Brin S, Page L. The anatomy of a large-scale hypertextual web search engine [J]. Computer Networks and ISDN Systems, 1998, 30 (1−7): 107−117.

[15] Solá L, Romance M, Criado R, et al. Eigenvector centrality of nodes in multiplex networks [J]. Chaos: An Interdisciplinary Journal of Nonlinear Science, 2013, 23 (3): 033131.

[16] Halu A, Mondragón R J, Panzarasa P, et al. Multiplex pagerank [J]. PloS One, 2013, 8 (10): e78293.

[17] Azimi-Tafreshi N, Gómez-Gardenes J, Dorogovtsev S N. K-core percolation on multiplex networks [J]. Physical Review E, 2014, 90 (3): 032816.

[18] Tudisco F, Higham D J. Node and edge nonlinear eigenvector centrality for hypergraphs [J]. Communications Physics, 2021, 4: 201.

[19] Mancastroppa M, Iacopini I, Petri G, et al. Hyper-cores promote localization and efficient seeding in higher-order processes [J]. Nature Communications, 2023, 14: 6223.

[20] Fortunato S. Commuuity detection in graphs [J]. Physics Reports, 2010, 486: 75−174.

［21］ Clauset A，Newman M E J，Moore C，Finding community structure in very large networks ［J］. Physical Review E，2004，70（6）：066111.

［22］ Palla G，Derényi I，Farkas I，et al. Uncovering the overlapping community structure of complex networks in nature and society ［J］. Nature，2005，435（7043）：814 – 818.

［23］ Blondel V D，Guillaume J L，Lambiotte R，et al. Fast unfolding of communities in large networks ［J］. Journal of Statistical Mechanics：Theory and Experiment，2008，2008（10）：P10008.

［24］ Cai B，Zeng L，Wang Y，et al. Community detection method based on node density，degree centrality，and K-means clustering in complex network ［J］. Entropy，2019，21（12）：1145.

第 4 章

网络传播动力学

随着复杂网络科学的兴起，研究者逐渐认识到网络拓扑结构对传播动力学的影响，因而对此进行了大量的建模与理论分析工作[1]。早期研究主要集中于静态网络上的传播动力学。随着研究的深入，多个传播过程之间、传播过程与网络结构之间的相互作用受到越来越多的关注，共演化传播动力学的研究取得显著进展；同时，基于集合种群网络、多层网络和时变网络的传播动力学也得到快速发展[2]。本章主要介绍基本的传播模型及传播阈值的常用解析方法，以及多层网络和集合种群网络上的传播动力学。

4.1　基本概念和模型

4.1.1　基本概念

网络传播动力学模型能够有效地描述现实世界中的许多物理过程和现象。如社会接触网络中流行病的爆发、在线社交网络中的信息的扩散、互联网中计算机病毒的传播和全球经济网络中的金融危机的扩散。在这些不同的传播过程中，流行病的传播建模备受关注。许多传播动力学模型都源自流行病学的经典模型，如仓室模型，为后续理论研究奠定了坚实的基础。在仓室模型中，个体的状态被划分为若干类，常见的几类个体状态包括：

（1）易感态（Susceptible，简称 S）：个体处于健康状态，但存在被疾病感染的风险。

（2）感染态（Infected，简称 I）：个体已被感染且具有传染能力。

（3）恢复态（Recovered，简称 R）：个体从感染态恢复，不再具备感染能力且不会再次被疾病感染，也称为移除态（Removed）。

每种状态产生一个仓室，个体按照状态被划分到对应仓室，并由于感染或恢复在不同仓室间转移。除了个体状态，仓室模型中还有一些常用参量：

（4）传播速率 β 和恢复速率 μ：处于易感态的个体接触一个感染态的个体后，以速率 β 被感染，转化为感染态。感染态个体以速率 μ 恢复为易感态或转化为恢复态。

（5）传播阈值 β_c：传播阈值 β_c 是传播动力学中的关键参量，用来判断疾病传播是否会爆发。当疾病传播速率 $\beta < \beta_c$，其无法感染足够多的个体，会逐渐消亡；反之，疾病在系统中爆发。

（6）基本再生数 R_0：基本再生数 R_0 是另一个判断流行病能否爆发的关键参量。R_0 可理解为在完全易感的人群中，一个感染者在其传染周期内能够感染的个体数目的期望值。当 $R_0 < 1$ 时，流行病无法在系统中传播开来，最终会消亡；反之，流行病能够爆发，使得人群中存在一定比例的感染者。一般的，基本再生数 $R_0 = \beta / \mu$。

4.1.2 经典的疾病传播模型

为准确地刻画疾病的传播演变过程，揭示传播规律，需要建立疾病传播的数学模型。20 世纪初，Kermack 与 McKendrick 提出著名的 SIR 仓室模型，描述个体感染某种疾病后具备永久免疫力的疾病传播过程，如天花、麻疹等。本小节将详细介绍三种常见的流行病传播仓室模型，分别是 SI 模型、SIS 模型和 SIR 模型。它们建立在人群均匀混合的假设下（即所有个体都有均等的机会相互接触），是网络传播模型的基础。

SI 模型用来描述易感个体被感染后无法恢复的情况，如艾滋病。SI 模型中个体处于易感态（S）或感染态（I）。当个体被感染后，将一直处于感染态。SI 模型的状态转换如图 4-1 所示。

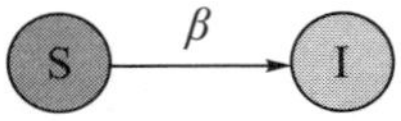

图 4-1　SI 模型状态转换图示

　　SI、SIS 和 SIR 等模型作为经典的流行病传播模型，其优势之一就在于可以用微分方程来准确地描述。对于 SI 模型，设 $S(t)$ 和 $I(t)$ 分别为 t 时刻易感态个体比例和感染态个体比例，显然有 $S(t) + I(t) = 1$。此时，易感态个体比例按照如下变化率减小：

$$\frac{\mathrm{d}S(t)}{\mathrm{d}t} = -\beta S(t)I(t). \tag{4-1}$$

这一方程表示在单位时间内，易感者人数减少的速率与易感者和感染者比例的乘积成正比，β 为疾病传播速率。相应地，感染态个体比例按照如下变化率增加：

$$\frac{\mathrm{d}I(t)}{\mathrm{d}t} = \beta S(t)I(t). \tag{4-2}$$

公式（4-1）和（4-2）即为 SI 模型的微分方程表达式。整个系统在时间演化中表现为 I 态个体比例不断增大并最终达到 1。现实世界中，除一些特殊流行病外，感染个体一般不可能永远处于感染状态并持续传染他人。接下来介绍两种更为常见的疾病传播模型。

　　SIS 模型描述易感个体被感染后可以被治愈，并能被再次感染的情况，如季节性流感。SIS 模型中有易感态（S）和感染态（I）两种状态的节点。易感态个体通过接触感染态邻居以速率 β 被感染。个体被感染后，以速率 μ 恢复为易感态。SIS 模型的状态转换如图 4-2 所示。

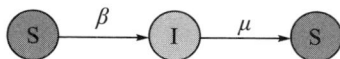

图 4-2　SIS 模型状态转换示意图

　　对于 SIS 模型，有 $S(t) + I(t) = 1$。SIS 模型演化的微分方程为

$$\frac{\mathrm{d}S(t)}{\mathrm{d}t} = \mu I(t) - \beta S(t)I(t), \tag{4-3}$$

$$\frac{\mathrm{d}I(t)}{\mathrm{d}t} = \beta S(t)I(t) - \mu I(t). \tag{4-4}$$

从 S 态节点比例的演化方程中看到，当 S 态节点由于被感染而导致的减少量等于感染态节点恢复而导致的增加量时，系统达到动态平衡。

SIR 模型用来描述易感个体被感染后具备免疫力而不会再次被感染的情况。SIR 模型中节点可处于易感态（S）、感染态（I）或恢复态（R）。易感态个体接触感染态节点后以速率 β 被感染。个体被感染后，以速率 μ 恢复。SIR 模型的状态转换如图 4-3 所示。

图 4-3　SIR 模型示意图

设 $S(t)$、$I(t)$ 和 $R(t)$ 分别为时刻 t 的易感态个体、感染态个体和移除态个体占整个人群的比例，有 $S(t) + I(t) + R(t) = 1$。SIR 模型演化的微分方程为

$$\frac{\mathrm{d}S(t)}{\mathrm{d}t} = -\beta S(t)I(t),\qquad(4-5)$$

$$\frac{\mathrm{d}I(t)}{\mathrm{d}t} = \beta S(t)I(t) - \mu I(t),\qquad(4-6)$$

$$\frac{\mathrm{d}R(t)}{\mathrm{d}t} = \mu I(t).\qquad(4-7)$$

该模型中，由于 I 态节点最终都会恢复为 R 态节点，因此终态时 I 态个体比例为 0。

4.1.3　流行病传播模型阈值解析方法

传播阈值是复杂网络传播动力学研究的重点问题之一。只有传播速率大于其传播阈值时，疾病、信息、行为等的传播才能在网络中大规模扩散。Pastor-Satorras 等人通过理论解析发现，在热力学极限情况下，计算机病毒爆发的阈值接近于零，这表明仅需要极小的传播概率，病毒就可以长期存在于网络中[3]。多年来，已经发展出许多流行病传播阈值解析方法，从经典的平均场方法到更为严格的定量化数值解析方法。本小节将介绍三种疾病传播阈值解析方法[4]。

4.1.3.1　平均场方法

在计算疾病爆发阈值的几种物理学方法中，最基础的是平均场方法。平均场最初是物理学家朗道为了解释二级相变而提出。在二级相变中，把跨越一切尺度的所有分子之间的相互作用的总体效果等价于一个"平均场"，不去计算局部的、处处不同的相互作用情况。其核心思想是用系统中个体的平均行为来近似整个系统的动态。

在经典的仓室模型中，人群接触模式为均匀混合，微分方程只包含不同状态个体的密度。而在网络中，个体通过边发生接触关系，即传播发生于存在连边的两个节点间。这对传统的微分方程方法提出了挑战，因为需要较高维度的方程才能刻画每一个节点状态的变化。对于任意网络都存在参量 $\langle k \rangle$，表示节点的平均度（平均连边数量或平均邻居数量）。这样就可以引入平均场思想，即不去考虑节点之间的具体连边关系，而假设网络中每个节点受到平均数量邻居节点的影响。下面以 SIR 模型为例，可以利用平均场方法来分析网络上的疾病传播过程。则式（4-5）到式（4-7）描述的 SIR 传播过程就可以改写为

$$
\begin{cases}
\dfrac{\mathrm{d}S(t)}{\mathrm{d}t} = -S(t)\beta\langle k\rangle I(t), \\[2mm]
\dfrac{\mathrm{d}I(t)}{\mathrm{d}t} = -\mu I(t) + S(t)\beta\langle k\rangle I(t), \\[2mm]
\dfrac{\mathrm{d}R(t)}{\mathrm{d}t} = \mu I(t).
\end{cases}
\tag{4-8}
$$

以第一个式子为例。平均来说，网络中每个节点有 $\langle k \rangle$ 个邻居，其邻居在 t 时刻处于感染态的概率为 $I(t)$，进而可知其处于感染态的邻居平均有 $\langle k \rangle I(t)$ 个，因此该方程的精确形式应当是

$$
\frac{\mathrm{d}S(t)}{\mathrm{d}t} = -S(t)[1-(1-\beta)^{\langle k\rangle I(t)}].
$$

对 $S(t)[1-(1-\beta)^{\langle k\rangle I(t)}]$ 进行泰勒展开，舍弃高阶项得到近似的 $S(t)\beta\langle k\rangle I(t)$。由于传播达到稳态时，只存在 S 与 R 两种状态的节点。假设时间是连续的，由式（4-8）可得

$$
R(t) = \mu \sum_{t'=0}^{t} I(t') \approx \mu \int_{t'=0}^{t} I(t')\ \mathrm{d}t',
\tag{4-9}
$$

只要获得 S 与 R 其中一种状态即可知晓另一状态的情况。由公式（4 - 8）可得未感染节点的密度函数为

$$S(t) = \mathrm{e}^{-\beta\langle k\rangle\int_{t'=0}^{t}I(t')\mathrm{d}t} = \mathrm{e}^{\frac{\beta\langle k\rangle R(t)}{\mu}}. \tag{4 - 10}$$

考查流行病最终是否在全局爆发（或者说流行病能否长时间的存在于网络中），可分析传播过程结束达到稳态时的情况，即

$$R_\infty = 1 - S_\infty = 1 - \mathrm{e}^{-\beta\langle k\rangle R_\infty}. \tag{4 - 11}$$

$R_\infty = 0$ 是该方程的一个常解。若要得到非零解，须构造函数

$$f(R_\infty) = 1 - \mathrm{e}^{-\beta\langle k\rangle R_\infty} - R_\infty. \tag{4 - 12}$$

由于 $f(1) < 0$，则 R_∞ 具有非零解须满足

$$\left.\frac{\mathrm{d}f(R_\infty)}{\mathrm{d}R_\infty}\right|_{R_\infty=0} > 0, \tag{4 - 13}$$

即 $\beta\langle k\rangle - 1 > 0$ 时，R_∞ 存在非 0 解。故传播爆发阈值

$$\beta_c = \frac{1}{\langle k\rangle}. \tag{4 - 14}$$

由式（4 - 14）可见，网络的平均度越高，传播爆发阈值越低，流行病越容易爆发。平均场方法忽略了许多细节，简单地使用概率和微分方程来得到复杂过程的结果。但按照严谨的标准来讲，平均场方法的使用条件非常严格，必须满足以下三种条件：

（1）局部聚类：对于任意度为 k 的节点 A，其邻居的状态互相独立，即 A 某一邻居的状态只受 A 的影响，不受 A 其他邻居的影响。

（2）无模体：度相同的节点其动力学行为可用其平均情况代替。当网络中存在大量模体，即便两个节点度相同，但由于可能处于不同模体中，其对于传播所产生的影响将极为不同。

（3）无动力学相关性：网络中某一节点状态变化时，其状态的更新与邻居节点状态独立。这个前提忽略了节点之间的动力学关联性，这点也导致平均场方法计算的传播阈值与真实值存在误差。

平均场方法求解 SIR 模型阈值的过程仅涉及微分方程、泰勒展开等较为

简单的数学方法，但展示了平均场方法最核心的理念：从宏观角度处理问题，把复杂的因素简化，用整体的平均作用代替个体单独受到的作用。

4.1.3.2　马尔可夫链方法

马尔可夫链用于描述系统在不同状态之间的随机转移过程。在具有马尔可夫性质的随机转移过程中，未来状态只依赖于当前，而与之前的历史状态无关。马尔可夫链的数学性质可用以下公式表达为

$$P(X_{n+1} = j \mid X_n = i, X_{n-1} = i_{n-1}, \cdots, X_0 = i_0)$$
$$= P(X_{n+1} = j \mid X_n = i) = p_{ij}. \tag{4-15}$$

即未来状态 X_{n+1} 只依赖于当前状态 X_n，而不受 $X_{n-1}, \cdots, X_0$ 这些过去状态的影响。

马尔可夫链方法可以获得任一节点的状态转移过程，以求解 SIS 模型的爆发阈值为例。考虑无向连通网络 $G = (V, E)$，疾病传播速率为 β，感染节点的恢复速率为 μ。定义 $p_{i,t}$ 是节点 i 在 t 时刻处于感染态的概率，$\zeta_{i,t}$ 是节点 i 在 t 时刻没有被其邻居感染的概率，则

$$\zeta_{i,t} = \prod_{j \in V_i} \left[p_{j,t-1}(1 - \beta) + (1 - p_{j,t-1}) \right] = \prod_{j \in V_i} (1 - \beta p_{j,t-1}), \tag{4-16}$$

其中 V_i 表示节点 i 的邻居节点集合。节点 i 在 t 时刻没有受到来自邻居节点的感染包括两种可能：

（1）邻居节点 j 处于感染态，但是在 t 时刻没能感染节点 i，即式中 $p_{j,t-1}(1-\beta)$。

（2）邻居 j 在 $t-1$ 时刻处于易感态，即式中 $1 - p_{j,t-1}$。

进一步，若满足以下三种情况之一，可推知节点 i 在 t 时刻处于健康态：

（1）i 在 t 时刻之前是易感态，并且在 t 时刻没有被其邻居感染。

（2）i 在 t 时刻之前已被感染，并且在 t 时刻恢复，同时没有再次被其邻居感染。

（3）i 在 t 时刻之前已被感染，在 t 时刻接触到了感染态邻居，在这些无效的接触（发生接触时节点 i 处于感染态，因而不会被其邻居感染，这种接触是无效的）之后恢复为易感态。因此节点 i 在 t 时刻处于健康状态的概率为

$$1 - p_{i,t} = (1 - p_{i,t-1}) \zeta_{i,t} + \mu p_{i,t-1} \zeta_{i,t} + \frac{\mu p_{i,t-1}(1 - \zeta_{i,t})}{2}. \quad (4-17)$$

式（4-17）最后一项假设节点 i 的恢复事件发生在节点 i 被邻居接触这一事件之后的概率为 50%。

若流行病无法在网络中爆发，则有 $\beta/\mu < \tau = 1/\lambda_{1,A}$，其中 τ 表示流行病爆发阈值。定义 A 为网络的邻接矩阵，A^T 是矩阵 A 的转置，A^t 是矩阵 A 的 t 次幂，$\lambda_{i,A}$ 表示矩阵 A 的第 i 大特征值。由公式（4-16）和（4-17）可得

$$1 - p_{i,t} = 0.5\mu p_{i,t-1} + [1 + (0.5\mu - 1) p_{i,t-1}] \zeta_{i,t}$$
$$= 1 - (1 - \mu) p_{i,t-1} - \beta \sum_{j \in V_i} p_{j,t-1}. \quad (4-18)$$

由公式（4-18）可得

$$p_{i,t} = (1 - \mu) p_{i,t-1} + \beta \sum_{j \in V_i} p_{j,t-1}. \quad (4-19)$$

将上式转换为矩阵表示

$$P_t = ((1 - \mu)I + \beta A) P_{t-1} = S P_{t-1} = S^{t-1} P_0. \quad (4-20)$$

其中，$S = (1 - \mu) I + \beta A$ 称为系统矩阵。

对于系统矩阵，有引理：矩阵 S 的第 i 大特征值 $\lambda_{i,S} = 1 - \mu + \beta \lambda_{i,A}$，且 S 的特征向量与 A 的完全相同，即

$$S \vec{v}_{i,A} = (1 - \mu) \vec{v}_{i,A} + \beta A \vec{v}_{i,A}$$
$$= (1 - \mu) \vec{v}_{i,A} + \beta \lambda_{i,A} \vec{v}_{i,A}$$
$$= (1 - \mu + \beta \lambda_{i,A}) \vec{v}_{i,A}. \quad (4-21)$$

其中 $\vec{v}_{i,A}$ 是矩阵 A 的特征向量。无向网络的邻接矩阵是对称的，因此系统矩阵 S 也是对称的，根据矩阵的谱分解方法，可得

$$P_t = \sum_i \lambda_{i,S}^t \vec{v}_{i,S} \vec{v}_{i,S}^T P_0. \quad (4-22)$$

对于会消亡的流行病，当 $t \to \infty$ 时，$P_t \to \infty$，需满足最大特征值 $\lambda_{i,S} < 1$。故由 $1 - \mu + \beta \lambda_{i,A} < 1$，可得阈值 $\lambda_c = \beta/\mu = 1/\lambda_{1,A}$。

马尔可夫链方法与常见的微分方程方法（以平均场方法为代表）有较大差异。经典的平均场方法能够较为准确的计算出疾病的爆发阈值，却无法给

出某个节点的感染信息。马尔可夫链方法弥补了这一缺点，使我们能够得知特定节点具体的状态转移过程，这是实际应用中经常需要获得的信息。

4.1.3.3　边渗流方法

边渗流（Bond percolation）是一种统计物理模型，常用于研究随机图中的连通性问题。SIR 传播过程可近似地映射为网络中的边渗流过程，因此边渗流方法可用于求解传播爆发阈值。假设节点只能在时间 τ 内以感染速率 β 传播疾病，即感染节点经过时间 τ 后，会马上从感染态恢复为移除态（疾病按时间 τ 移除和按概率 $1/\tau$ 移除是不同的，概率会产生较大的随机性）。假设时间是连续的（即引入一个无穷小量 $\Delta t \to 0$），对于任意一条边，疾病在 τ 时间内没有成功传播的概率为

$$\lim_{\Delta t \to 0} (1 - \beta \Delta t)^{\frac{\tau}{\Delta t}} = e^{-\beta \tau}, \tag{4-23}$$

成功传播流行病的概率为

$$\varphi = 1 - e^{-\beta \tau}. \tag{4-24}$$

对应于渗流过程，φ 表示边被占据的概率。当一条边被占据，对应流行病从这条边的一个节点传播到另一个节点。网络中感染达到稳态时，最终被感染的节点与初始感染节点处于由占据边连接的巨大连通片中。由此，流行病爆发阈值与相对应的边渗流阈值相同。

以任意度序列的随机网络为例。设网络的度分布为 p^k，u 为随机选择的节点不通过某条边连接到巨大连通片的概率。如果每条边被占据的概率相同，在计算概率 u 时要考虑两种情况：一是这条边没有被占据；二是这条边被占据，但这条边的另一端节点不属于占据边组成的巨大连通片。在第二种情况中，如果另一端节点度为 $k+1$，剩余度为 k，则其节点不属于巨大连通片的概率为 u^k。因此可以得到自洽方程（self-consistent equation）

$$u = 1 - \varphi + \varphi \sum_{k=0}^{\infty} q_k u^k = 1 - \varphi + \varphi g_1(u), \tag{4-25}$$

其中，q_k 为网络的剩余度分布，$g_1(u)$ 为剩余度分布的生成函数。剩余度分布表示了网络中随机选择的一条边一端节点剩余度为 k 的概率。当网络不存在度关联时，有

$$q_k = \frac{(k+1)p_{k+1}}{\langle k \rangle}. \qquad (4-26)$$

公式（4-25）的解为 $y=u$ 与 $y=1-\varphi+\varphi g_1(u)$ 这两个函数的交点。显然 $u=1$ 是恒成立的平凡解。仅当存在 $u=1$ 之外的解时，网络中才存在一个巨大连通片，使得流行病爆发。因为 q_k 为概率，必有 q_k 大于 0。对于 $u \geq 0$，$g_1(u)$ 及其各阶导数必然非负。因此，$y=1-\varphi+\varphi g_1(u)$ 与 $y=u$ 在 $u=1$ 处恰相切（此即为相变点）。对公式（4-25）两边求导可得

$$\varphi_c = \frac{1}{g_1(1)} = \frac{\langle k \rangle}{\langle k^2 \rangle - \langle k \rangle}, \qquad (4-27)$$

将式（4-24）带入式（4-27）中，可得

$$\beta\tau = -\ln(1-\varphi_c) = \ln\frac{\langle k^2 \rangle - \langle k \rangle}{\langle k^2 \rangle - 2\langle k \rangle}. \qquad (4-28)$$

当 $\beta\tau$ 大于公式（4-28）等式右侧的值时，流行病有可能在网络中爆发（由于初始感染节点可能不在占据边组成的巨大连通片中，所以流行病不一定能爆发）；当 $\beta\tau$ 小于此值时，流行病一定不会在网络中爆发。从物理学中发展而来的渗流方法，相较于传统的平均场方法在解析 SIR 模型传播阈值时更为精确。

4.2　多层网络上的传播动力学

随着互联网的发展，人类逐渐进入信息爆炸的时代。各类社交媒体迅速发展，人与人之间的联系也越发紧密。在流行病爆发时，有关流行病的信息迅速通过各种类型的平台传播，如电视新闻、短信、电话和微信等。例如，在严重急性呼吸道综合症（SARS）传播的早期阶段，有关 SARS 的非正式信息在人群中广泛传播。人们通过采取简单而有效的措施（如待在家里或戴上口罩）来保护自己，显著减少了最终的感染者数量。2014 年的埃博拉疫情持续期间，互联网信息对抑制疫情传播同样起到了重要作用。当个体接触到社交网络上传播的关于疾病的信息，会引起警觉并采取措施降低自己感染疾病的可能；另一方面，染病个体可能会在互联网上寻找或发布关于疾病的信息，

这反过来加速了信息在互联网上的传播[5]。可见，信息传播和疾病传播是相互影响的耦合传播过程。

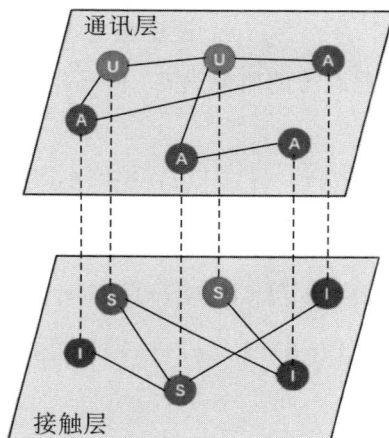

图 4-4　双层网络的传播模型

考虑到信息传播和疾病传播的途径并不相同，Granell 等人提出基于多层网络的信息-疾病耦合传播模型[6]。在该模型中，疾病和关于疾病的消息分别在接触层和通讯层传播，如图 4-4 所示。在接触层，个体被感染或恢复，用易感-感染-易感（SIS）模型来描述。在通讯层，个体可能会获知或遗忘疾病相关信息，并在意识态和无意识态之间转换，用无意识-意识-无意识（unaware-aware-unaware，UAU）模型来描述。个体的状态集合为 $X \in$（US，AS，AI，U，A，S，I）。设矩阵 $\boldsymbol{A}$ 和 $\boldsymbol{B}$ 分别表示通讯层和接触层的邻接矩阵，并令 $p_i^X(t)$ 表示个体 i 在 t 时刻处于 X 状态的概率。无意识态（U 态）的个体不被任何邻居感染的概率为

$$q_i^U(t) = \prod_j (1 - b_{ji} p_j^{AI}(t) \beta^U), \qquad (4-29)$$

其中 β^U 表示处于无意识态 U 的个体被感染疾病的概率。意识态（A 态）个体不被感染的概率为

$$q_i^A(t) = \prod_j (1 - b_{ji} p_j^{AI}(t) \beta^A), \qquad (4-30)$$

其中 $\beta^A = \gamma \beta^U$，$\gamma \in$（0，1），表示处于意识态 A 的个体会采取保护措施，降

低自身被感染疾病的概率。节点 i 不被任何邻居通知消息的概率为

$$r_i(t) = \prod_j (1 - a_{ji} p_j^A(t) \lambda), \qquad (4-31)$$

其中，$p_j^A(t) = p_j^{AI}(t) + p_j^{AS}(t)$。设感染态个体恢复为易感态的概率为 μ，意识态个体恢复为无意识态的概率为 δ，由马尔可夫链表示的个体在不同时刻的状态转移方程为

$$
\begin{cases}
p_i^{US}(t+1) = p_i^{AI}(t)\delta\mu + p_i^{US}(t) r_i(t) q_i^U(t) + p_i^{AS}\delta q_i^U(t) \\
p_i^{AS}(t+1) = p_i^{AI}(t)(1-\delta)\mu + p_i^{US}(1-r_i(t)) q_i^A(t) + p_i^{AS}(t)(1-\delta) q_i^A(t) \\
p_i^{AI}(t+1) = p_i^{AI}(t)(1-\mu) + p_i^{US}[(1-r_i(t))(1-q_i^A(t)) + r_i(t)(1-q_i^U(t))] \\
\quad + p_i^{AS}(t)[\delta(1-q_i^U(t)) + (1-\delta)(1-q_i^A(t))].
\end{cases}
$$

$$(4-32)$$

该方程具有马尔可夫过程的特性。以第一行公式为例，个体在 $t+1$ 时刻处于 US 状态的概率，仅取决于它在 t 时刻的状态，与之前时刻的状态无关，具有无记忆性。状态之间的转移不是确定性的，而是概率性的，由传播速率和恢复速率决定。结合矩阵的特征值及谱分析方法，解析基于流行病的马尔可夫链，从而可有效地分析网络结构和个体异质性等属性对疾病传播动态的影响。

上述工作揭示了疾病能否在网络中爆发取决于网络的拓扑结构和信息传播动态。在此之后，一大批考虑不同因素的信息－疾病耦合传播模型被提出，揭示了更多关于传播爆发阈值、爆发范围等关键参量的规律[7-17]。例如，研究人员发现流行病的爆发阈值不受信息传播的影响，但是存在最佳的信息传输速率来显著抑制疾病传播[15]。信息传播的时间尺度不会影响疾病暴发阈值，但信息和疾病传播的最佳相对时间尺度可以最大程度地减少流行病的传播[16]。一些研究把关于疾病的信息分为局部信息和全局信息。从邻居节点处得知的信息为局部信息，如邻居节点中感染节点的数量和比例；从媒体和公共卫生组织处得到全网络中感染节点的数量和比例等为全局信息。Chen 等人考虑邻居感染状态对个体采纳消息速率的影响，发现接触层邻居比消息层邻居影响更大，流行病爆发阈值降低更为明显[18]。考虑到网络中正、负面消息可能同时存在，一些模型引入了多重消息和疾病的耦合传播[19]。Yin 和 Chen

等人分别研究了关于疫苗的负面消息传播对流行病传播的影响，发现负面消息使人群对接种疫苗产生犹豫，使传播阈值降低和传播规模显著增加[20,21]。传播过程之间的相互作用不限于传染病之间，社会行为也可以极大地影响疾病的传播[22]。

进一步的研究考虑了个体行为的改变对疾病传播的影响。例如 Zhan 等人和 Jain 等人分别研究了人类由于恐惧而采取的自我隔离行为对流行病传播的影响，发现人群恐惧程度的增加能延缓流行病的传播，减少感染病例。随着感染人数的降低，恐惧随之降低，可能引发新一波的感染[23,24]。Qiu 等人研究发现，由于持续的佩戴口罩行为，人群感染率会突然下降，戴口罩行为与疾病的并发传播将引发多波感染[25]。Teslya 等人开发出新的仓室模型，将对健康的两种互斥态度与流行病传播耦合起来，发现健康态度和感染状况之间的反馈会导致振荡现象[26]。

此外，资源－疾病耦合传播模型[27]、迁徙－疾病耦合传播模型[28]以及高阶网络上的信息－疾病耦合传播模型也被提出[29,30]。例如 Chen 等人研究了具有层间旅途感染的多层网络传播模型，发现在适当的旅行时长下，感染率低的疾病能爆发而较高感染率的疾病不能爆发，流行病爆发具有双阈值[31]。Chang 等人研究了高阶结构和层间关联对多层网络上信息－流行病传播的影响，在疾病层观察到易感性的多峰现象[32]。双层耦合传播建模的进展可参考最新的综述[33,34]。

4.3　集合种群网络上的传播动力学

静态网络能够很好地捕捉个体之间的接触关系，揭示真实社会系统网络的拓扑结构对传播动力学的影响。然而，传播过程往往还受空间分布和人口流动的影响[35,36]。对于流行病传播而言，疾病能够在城市或地区内传播，在城市间通过人口迁徙扩散。由于静态网络难以研究空间分布和人口流动的特征，研究人员提出了集合种群网络（Metapopulation network）上的传播动力学[37-46]。

集合种群网络是一种用于描述具有空间分布和相互连接的多种群的模型，是由多个亚种群（subpopulation）组成的复杂系统。每个亚种群都被看作一个节点，亚种群内部是独立的反应系统（例如疾病传播）。不同亚种群之间的扩散行为（例如人口迁徙）被看作节点间的连边。集合种群网络最早是生态学领域中的研究热点之一，被广泛用于研究生态系统的种群动力学[47]，例如种群的扩张和收缩、物种入侵等[48]。随后，学者们展开集合种群网络上的传播动力学研究，探究流行病在全球范围内的传播规律[38,49]。为深入理解空间结构和人口流动对传播动力学的影响，建立了集合种群网络上的传播动力学理论框架。本节将重点介绍集合种群网络上的反应-扩散动力学。

4.3.1　反应-扩散模型

当今世界，轮渡、高铁和航空等交通方式极大地促进了各个地区、国家之间的人口流动。研究者们已经普遍意识到交通网络在促进流行病的全球大流行上发挥着不可忽视的作用。集合种群网络上的反应-扩散模型在 21 世纪初就被提出。如图 4-5 所示[37]，反应-扩散模型主要包括两个过程：扩散过程和反应过程。在扩散过程中，亚种群内的个体（agent）通过连边前往其他亚种群；在反应过程中，处在同一个亚种群内的个体相互接触以传播疾病。一方面，研究者主要构建数据驱动的反应-扩散模型。例如，利用全球航空网络数据建立集合种群网络，将机场所在的周边城市作为一个亚种群节点，机场间的客流量作为亚种群间的连边，然后再研究流行病在该网络上的传播。这些研究能够很好地模拟和预测真实世界中的流行病传播。

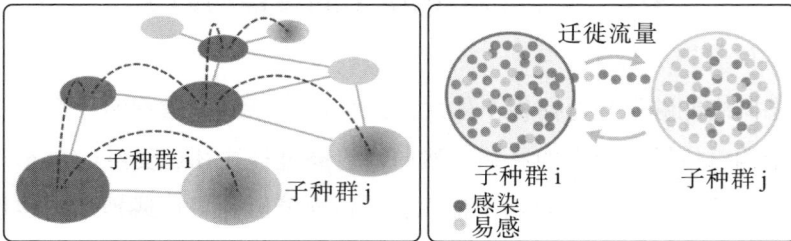

（a）宏观尺度上，多个亚种群构成　　（b）微观尺度上，个体在亚种群内
　　　网络系统　　　　　　　　　　　　　反应且在亚种群间扩散

图 4-5　集合种群网络上的反应-扩散模型

另一方面，研究者结合网络科学的方法深入研究集合种群网络上的传播动力学机制，建立了有效的理论框架。Colizza 等人基于异质平均场方法推导了集合种群网络上的传播动力学的理论阈值[43,44]。

为便于理论计算，假设个体在亚种群间随机扩散并且在亚种群内是均匀混合的接触模式。首先，计算个体在集合种群网络上的扩散过程。定义节点数为 V 的集合种群网络，其度分布为 $P(k)$（平均度为 $\langle k \rangle = \sum_k kP(k)$）。系统中的总个体数目为 $N = \sum_i n_i$，其中 n_i 为亚种群节点 i 内的个体数目。异质平均场方法假设只要任意两个节点的度相同，那么它们在统计意义上是完全等价的。对于度为 k 的亚种群节点，定义 ρ_k 表示度为 k 的亚种群节点内的个体数。受个体扩散行为的影响，ρ_k 的演化方程可以写作

$$\frac{\mathrm{d}\rho_k}{\mathrm{d}t} = -D_k\rho_k + k\sum_{k'} P(k'|k)D_{k'k}\rho_{k'}, \qquad (4-33)$$

式（4-33）右边第一项表示单位时间内从度为 k 的节点迁徙出去的个体数；第二项表示从 k 个邻居亚种群节点迁徙来的个体数。其中，D_k 为度为 k 的亚种群节点内的个体迁出概率，而 $D_{k'k}$ 表示度为 k' 的亚种群节点内的个体迁出到度为 k 的亚种群节点内的概率。$P(k'|k)$ 是条件概率，表示度为 k 的亚种群节点连向度为 k' 的亚种群节点的概率。由此可知，$D_k = k\sum_{k'}P(k'|k)D_{kk'}$。我们考虑个体的迁出概率与所在的亚种群节点的度无关，D_k 是一个常数，则 $D_{kk'} = D_k/k$。如果集合种群网络为无度关联的网络，则 $P(k'|k) = k'P(k')/\langle k \rangle$。将上述情况带入式（4-33）中，求解扩散稳态（$\mathrm{d}\rho_k/\mathrm{d}t = 0$）时 ρ_k 的值为

$$\rho_k = \frac{k}{\langle k \rangle}\rho, \qquad (4-34)$$

其中，ρ 为整个系统中亚种群节点内的平均个体数，计算为 N/V。式（4-34）表明集合种群的拓扑结构影响了亚种群内的个体数分布。亚种群节点的度越大，扩散稳态时节点内的个体数目越大，并且处于一个动态平衡状态。

接着，在扩散稳态时引入亚种群内的反应过程。简单来说，只需要在式（4-33）中加入反应过程的变化，就可以得到反应-扩散的演化动力学方程。

我们考虑 SIS 的传播过程。在该模型中，个体被分为易感者（S）和感染者（I）。定义 $\rho_{S,k}$ 和 $\rho_{I,k}$ 分别表示度为 k 的亚种群节点内的 S 态个体数和 I 态个体数，而 $\rho_k = \rho_{S,k} + \rho_{I,k}$。假设不同状态的个体的迁出概率不同，定义 D_S 和 D_I 分别表示 S 态个体和 I 态个体的迁出概率。由此，可以得到反应－扩散的演化动力学方程为

$$\frac{\mathrm{d}\rho_{S,k}}{\mathrm{d}t} = -\rho_{S,k} + (1 - D_S)\left[\mu\rho_{I,k} + \rho_{S,k} - \beta\rho_{S,k}\rho_{I,k}\right]$$

$$+ k\sum_{k'} P(k'|k)\frac{D_S}{k'}\left[\mu\rho_{I,k'} + \rho_{S,k'} - \beta\rho_{S,k'}\rho_{I,k'}\right], \quad (4-35)$$

$$\frac{\mathrm{d}\rho_{I,k}}{\mathrm{d}t} = -\rho_{I,k} + (1 - D_I)\left[(1-\mu)\rho_{I,k} + \beta\rho_{S,k}\rho_{I,k}\right]$$

$$+ k\sum_{k'} P(k'|k)\frac{D_I}{k'}\left[(1-\mu)\rho_{I,k'} + \beta\rho_{S,k'}\rho_{I,k'}\right]. \quad (4-36)$$

式（4-35）表明单位时间内度为 k 的亚种群节点内的 S 态个体数目变化。其中第一项为减去上一个时间步的 S 态个体数，第二项为亚种群节点内反应后的 S 态个体以 $1 - D_S$ 的概率留在节点内导致的 S 态个体数目的变化，第三项为所有邻居亚种群节点反应后的 S 态个体扩散到该亚种群节点内导致的 S 态个体数目的变化。式（4-36）为 I 态个体数目变化，它的物理意义和式（4-35）类似。

对于度无关联的集合种群网络，在传播稳态（变化量等于零）下，式（4-35）和（4-36）可以写成

$$\rho_{S,k} = (1 - D_S)\left[\mu\rho_{I,k} + \rho_{S,k} - \beta\rho_{S,k}\rho_{I,k}\right]$$

$$+ \frac{kD_S}{\langle k \rangle}\left[\mu\rho_I + \rho_S - \beta\sum_k P(k)\rho_{S,k}\rho_{I,k}\right], \quad (4-37)$$

$$\rho_{I,k} = (1 - D_I)\left[(1-\mu)\rho_{I,k} + \beta\rho_{S,k}\rho_{I,k}\right]$$

$$+ \frac{kD_I}{\langle k \rangle}\left[(1-\mu)\rho_I + \beta\sum_k P(k)\rho_{S,k}\rho_{I,k}\right], \quad (4-38)$$

其中 $\rho_I = \sum_k P(k)\rho_{I,k}$ 和 $\rho_S = \sum_k P(k)\rho_{S,k}$。将式（4-38）两边同时乘以

$P(k)$ 并对 k 求和可得

$$\rho_I = \frac{\beta}{\mu} \sum_k P(k) \rho_{S,k} \rho_{I,k}. \qquad (4-39)$$

将式（4-39）带入式（4-37）和式（4-38）可得

$$\rho_{S,k} = (1 - D_S)\left[\mu\rho_{I,k} + \rho_{S,k} - \beta\rho_{S,k}\rho_{I,k}\right] + \frac{kD_S}{\langle k \rangle}\rho_S, \qquad (4-40)$$

$$\rho_{I,k} = (1 - D_I)\left[(1 - \mu)\rho_{I,k} + \beta\rho_{S,k}\rho_{I,k}\right] + \frac{kD_I}{\langle k \rangle}\rho_I. \qquad (4-41)$$

在所有个体的迁出概率最大的情况（即 $D_S = D_I = 1$）下，由式（4-40）和（4-41）可得

$$\rho_{S,k} = \frac{k}{\langle k \rangle}\rho_S, \ \rho_{I,k} = \frac{k}{\langle k \rangle}\rho_I. \qquad (4-42)$$

将式（4-42）带入式（4-39）计算得

$$\rho_I = \frac{\beta}{\mu}\frac{\langle k^2 \rangle}{\langle k \rangle^2}\rho_S\rho_I. \qquad (4-43)$$

根据式（4-43），可以得到传播稳态时整个系统节点内 S 态个体和 I 态个体的平均数目分别为

$$\rho_S = \frac{\mu}{\beta}\frac{\langle k \rangle^2}{\langle k^2 \rangle}, \ \rho_I = \rho - \frac{\mu}{\beta}\frac{\langle k \rangle^2}{\langle k^2 \rangle}. \qquad (4-44)$$

当传播稳态时，系统中存在染病态个体（$\rho_I > 0$）的条件为所有亚种群节点的平均个体数满足 $\rho > \rho_c$，其中临界值 $\rho_c = \mu\langle k \rangle^2/\beta\langle k^2 \rangle$，这表明集合种群网络的拓扑结构极大地影响了系统中的流行病传播。如果集合种群网络是一个度分布满足 $p(k) \sim k^{-3}$ 的异质网络，在热力学极限（$N \to \infty$）下，$\rho_c = 0$。与同质网络相比，在无标度或重尾分布的集合种群网络上发生的传播动力学过程会表现出非常不同的结果。对于其他情况，如 $D_S = 0$ 和 $D_I = 1$，同样可以采用上面的分析过程计算疾病存在的临界值。研究发现不同的扩散行为会极大地影响集合种群网络上的传播动力学过程。此外，Colizza 等人也给出了 SIR 传播过程的反应-扩散模型的理论分析框架[45]。值得注意的是，上述分析都是在离散时间框架下进行的，后续也有学者分析了连续时间框架下的反应-

扩散模型[46]。

4.3.2　集合种群网络上的传播动力学进展

自 21 世纪初集合种群网络上的反应－扩散模型被提出以来，学者们基于该模型进行了一系列的研究和拓展。研究发现社会系统中，人类的空间迁徙具有高度的周期性[50]。例如，城市中的绝大多数人经常在少数几个行政区（如家和工作地所在的行政区）之间来回移动。这些现象表明人口流动行为不应该用简单的随机过程描述。学者们在集合种群网络上提出一种新的传播模型——反应－扩散－返回模型[51-54]。该模型揭示了流动性并不总是利于疾病传播，并发现三种临界状态。

对于扩散过程，学者们还考虑了基于路径的扩散[55]。当个体从亚种群 i 选择前往亚种群 j 时，总是会选择最短路径前往。这是因为在真实社会中，个体出行往往具有目的性且会选择最短的路径，由此，建立了目的性旅行的扩散过程[56]。与随机扩散过程相比，在迁徙概率较小时，目的性旅行的扩散过程使得疾病的传播范围更大。这是因为疾病能够通过目的性旅行有效地传播到中心亚种群节点上，从而扩散得更广。但随着迁徙概率的增大，两种情况的差异将越来越小。

近年来，对新冠流行病传播的案例发现迁徙过程中的感染也将极大影响流行病的传播[57,58]。这是因为当个体在亚种群之间迁徙时，会花费一定时间。在这段时间内，如果周围存在感染者，同行的易感者同样具有感染风险。而在之前的集合种群网络上的传播动力学研究中，扩散过程被假设为一个瞬间完成的马尔可夫过程，这显然忽视了旅途中停留时间及其上的感染过程。为了描述旅行过程中的感染，学者们提出了旅途感染的反应－扩散模型[59,60]，发现旅途感染能够加速流行病在系统中的扩散并降低系统的流行阈值。

4.4　网络上的消息传播

随着互联网的出现以及移动通信技术的发展，人们越来越容易接收到在线社交平台上所传播的消息。广义的消息传播不仅是关于某一事件的信息在社交平台上的共享，还包括潮流、集体行为、创新等现象在人群中的扩散[61]。近年来，有关消息传播的实证研究不断涌现，这些实证研究表明，消息传播在真实社交系统中呈现出丰富的传播模式。例如 Goel 等人分析了从雅虎等七个在线社交平台搜集到的扩散数据，并基于所有数据集重建扩散网络。研究结果表明，小规模和浅层的扩散树非常普遍，而大型扩散网络在真实的扩散事件中极为罕见[62]。研究发现信息扩散网络的大小分布呈现类似的重尾特征[63-66]。除了消息扩散网络的大小和深度，研究者们还关注消息传播的时间动态模式。对于不同内容的消息，它们传播的时间模式有所不同，少量消息可能在非常短的时间内扩散，而大多数消息只能被少数人接收。研究表明，不同信息的内在传染性是极为不同的，同一条消息的传染性本身也是时间依赖的[67]。Michela 等人分析了 Facebook 上用户间有关科学和阴谋论信息的扩散过程，它们的级联动力学非常不同，这表明不同类型的新闻间具有不同的同化效果[68]。Vosoughi 等人搜集了 2006—2017 年间在 Twitter 上发布的经过确认的真新闻与假新闻的传播数据，研究发现，相比于真新闻，假新闻散布得更快、更深（更大的转发层级）、更广。特别是对于虚假的政治新闻，这一点更为显著[69]。一些在线实验揭示了行为传播中存在的社会强化效应[70-71]，这导致了与简单传播不同的传播动力学。理解消息传播背后的微观机制是至关重要的，这有助于控制流言的传播[72]及定位消息传播的源头[73]等。

4.4.1　阈值模型

为研究社交平台上的消息传播，研究者们陆续提出阈值模型[74-75]、独立级联模型[76]及改进的流行病传播模型[77-78]来刻画社交网络上的消息扩散过程。不同于经典的流行病传播模型（简单传播），在阈值模型中单一的消息源不足以将消息传播至暴露个体。阈值模型最初由斯坦福大学社会学教授 Granovetter 在 20 世纪 70 年代提出，用于描述集体行为（如创新）的传播等[74-75]。如今阈值模型多用于社会学与经济学领域，特别是涉及二元决策的过程。该模型的核心思想是个体是否采取某种决策取决于周围邻居的选择。

在真实社会系统中，个体往往缺乏全局信息，这导致他们习惯于根据周围人的决策来决定自己的行为。阈值模型假设每个个体具有一个确定的阈值，当周围邻居中做出决策的人数比例超过该阈值时，该个体就从之前的状态转变为另一状态，即做出相应的决策。

模型具体的描述如下：对于一个大小为 N 的网络，每个节点只能处于 0（非活跃态）或 1（活跃态）两种状态之一。每个节点 i 被赋予阈值 φ_i，阈值 φ_i 满足分布 $f(\varphi)$。在初始阶段，随机选择一小部分节点作为初始种子，使之处于 1 状态，其余的节点都处于 0 状态。每个时间步，对于处于 0 状态的节点 i，如果其邻居节点中处于 1 状态的比例超过其阈值，即 $m_i/k_i \geq \varphi_i$，该节点就会转变为 1 状态。其中 m_i 为邻居中处于 1 状态的节点数，k_i 为节点的度，φ_i 为节点的阈值。处于 1 状态的节点均保持不变。当网络中处于 1 状态的节点数趋于稳定时，演化过程结束。

Watts 最早分析了阈值模型在网络上的物理特性（故该模型也称为 Watts 模型），并发展出一套精巧的方法来解析该模型[79]。Watts 将网络中的节点分为三类：第一类为创新者，即初始时刻就处于活跃态的节点。在 Watts 模型中，只存在一个创新者；第二类是脆弱节点，这类节点的阈值满足 $0 < \varphi \leq 1/k$，即邻居中只要有一个处于 1 状态，该节点就会转变为 1 状态；第三类是稳定节点，即阈值 $\varphi > 1/k$ 的节点，只存在一个 1 状态的邻居节点不能使其转变为 1 状态。对于阈值模型，一个关键的问题是什么样的网络结构以及阈值条件能够使信息在网络上全局级联，即在稳态时有与网络规模 N 相当的节点处于 1 状态。通过将节点分为以上三类，能否引发全局级联的条件就等价于是否存在一个由脆弱节点组成的与系统大小相仿的连通集团。当集团中的任一节点处于 1 状态或者与一个 1 状态节点相连，都将导致集团中所有节点转变为 1 状态。这样，由动力学过程决定的级联条件转化为静态的网络结构问题，就能够通过生成函数的方法进行近似求解。

对于度分布为 p_k 的网络，节点度为 k 的概率为 p_k。度为 k 的节点为脆弱节点的概率 $\rho_k = P[\varphi \leq 1/k]$。对于网络中的任一节点，其度为 k 且是脆弱节

点的概率为 $\rho_k p_k$，对应脆弱节点度分布的生成函数为

$$G_0(x) = \sum_k \rho_k p_k x^k, \qquad (4-45)$$

其中，

$$\rho_k = \begin{cases} 1, & k = 0 \\ F(1/k), & k > 0. \end{cases} \qquad (4-46)$$

$F(\varphi) = \int_0^\varphi f(\varphi)\mathrm{d}\varphi$，表示阈值不超过 φ 的概率。通过结合度分布和阈值分布中包含的所有信息，$G_0(x)$ 生成仅包含脆弱节点的度分布的所有矩，相关矩可以通过计算 $G_0(x)$ 在 $x = 1$ 时的导数来获得。对于我们关注的问题，两个最重要的量是脆弱人群的比例 $P_v = G_0(1)$ 和脆弱顶点的平均度 $z_v = G_0'(1)$。考虑级联传播时，还需要脆弱顶点 v 的度分布，这个顶点 v 是最初选择的顶点 u 的一个随机邻居。v 的度越大，它成为 u 的邻居的可能性就越大。因此，顶点 u 选择节点 v 的概率与其度的大小和其在网络中的比例的乘积成正比，即 kp_k。对应于顶点 u，邻居被选中概率的归一化生成函数 $G_1(x)$ 为

$$G_1(x) = \frac{\sum_k k\rho_k p_k x^{k-1}}{\sum_k kp_k} = \frac{G_0'(x)}{z}. \qquad (4-47)$$

为了计算脆弱顶点簇的属性，引入类似的生成函数 $H_0(x) = \sum_n q_n x^n$ 和 $H_1(x) = \sum_n r_n x^n$，其中 q_n 是随机选择的顶点属于大小为 n 的脆弱簇的概率，r_n 是随机选择的一个顶点的邻居属于这样的簇的概率。通过遵循随机边到达的任何有限大小为 n 的簇可以被视为由较小的这样的簇组成，其累积大小必须加起来等于 n。足够大的随机图在渗流之下可以被视为纯分支结构，忽略子簇中循环连接的可能性，每个子簇独立于其他子簇来处理。因此一个有限簇大小为 n 的概率是其子簇概率的乘积。根据生成函数的属性[80-81]，$H_0(x)$ 与 $H_1(x)$ 满足以下自洽方程：

$$H_1(x) = [1 - G_1(1)] + xG_1(H_1(x)), \qquad (4-48)$$

$$H_0(x) = [1 - G_0(1)] + xG_0(H_1(x)). \qquad (4-49)$$

式（4-48）和式（4-49）中的第一项对应于所选择的顶点不是脆弱节点的

概率，第二项则描述了连接到脆弱顶点的脆弱簇的大小分布。$H_0(x)$ 生成了脆弱簇大小分布的所有矩，平均脆弱簇的大小 $\langle n \rangle = H_0'(1)$，这个量将在渗流时发散。将上面的 $H_0(x)$ 与 $H_1(x)$ 的表达式代入，得到

$$\langle n \rangle = G_0(1) + \frac{(G_0'(1))^2}{(z - G_0''(1))} = P_v + \frac{z_v^2}{(z - G_0''(1))}, \quad (4-50)$$

其中 $z = \langle k \rangle$ 是网络的平均度。当满足如下级联条件时，$\langle n \rangle$ 这个量将会发散：

$$G_0''(1) = \sum_k k(k-1)\rho_k p_k = z \quad (4-51)$$

级联条件（4-51）可以这样解释：当 $G_0''(1) < z$ 时，网络中所有脆弱的簇都很小。因此，早期采纳者之间相互隔离，结构缺乏足够的动力使级联变成全局性的。但当 $G_0''(1) > z$ 时，脆弱簇的典型大小是无限的，这意味着存在一个渗透的脆弱簇，这种情况下，随机的初始冲击应该能够触发具有有限概率的全局级联。式（4-51）标志着这两种情况之间的转变，即平均簇大小发散和全局级联开始的点，被称为相变。值得注意的是，式（4-51）中的 $k(k-1)$ 项随 k 单调递增，而 ρ_k 单调递减。因此，式（4-51）要么有两个解（导致两个相变），要么没有解。这与通常的渗流模型不同，后者在所有有限的占据概率下展示出单一的相变。此外，在有两个解的情况下，应该观察到在 z 的连续区间内，级联将会发生。

对 ER 随机网络上节点具有相同阈值情况下的研究表明，当平均度很小时，网络是破碎的，此时信息的传播主要受限于网络的拓扑结构，任何初始扰动都无法大规模传播[37]。随着平均度 $\langle k \rangle$ 的增加，网络中逐渐出现大的连通分量，信息的全局级联传播变得可能。根据 ER 随机网络的渗流理论，这一相变过程是连续的。随着平均度继续增加，节点的阈值条件越来越难满足，此时级联的大小分布会从双峰分布转变为单峰的指数分布，这是一个不连续的相变过程，导致全局级联传播再次变为不可能。

在 Watts 这项开创性的研究之后，阈值模型吸引了网络科学领域的广泛关注，取得多方面的进展。一方面是研究具体的网络结构对于信息级联的影响。

例如，Centola 等人研究了阈值模型在小世界网络上的情况，发现小世界网络中的随机连边会阻碍消息的扩散[82]。Galstyan 发现在弱耦合社区网络中，不同社区中信息的最大传播速率出现在不同的时刻[83]。Nematzadeh 等人研究了社区结构对信息传播的影响，表明当初始的信息出现在一个社区时，存在最优的社区结构强度使得信息能够全局扩散[84]。Payne 等人研究了阈值模型在度关联网络上的行为，结果表明节点度的正关联性会促进消息的全局性扩散，而负关联性则会抑制消息的传播[85]。Yağan 等人考察了多重网络的情况，研究结果发现不同类型边的传播权重会对传播动力学产生显著的影响[86]。另一方面的进展是初始的种子节点对阈值模型消息传播的影响。在 Watts 模型中，初始时刻网络只有一个节点处于活跃态。Gleeson 等人利用树近似方法将 Watts 模型推广到多个初始种子的情况[87]。Singh 等人的研究发现，对于任意的阈值 $\varphi < 1$，存在一个临界的 ρ_c，当初始种子比例 $\rho > \rho_c$ 时将引起全局的消息扩散[88]。此外，Ruan 等人改进了阈值模型，引入随机自发采纳与部分免疫节点这两种机制。在这两种机制的作用下，随着参数的变化，系统将会经历从快速传播到慢速传播的转变。这一模型成功解释了实证数据中人们对在线社交服务产品的慢速采纳过程[89]。

4.4.2　谣言传播模型

随着互联网和社交媒体的快速发展，信息传播的速度和广度显著增加。谣言极易在短时间内通过各类社交平台广泛传播，可能引发社会恐慌、经济损失和公共安全问题。例如，传染病流行期间的虚假信息可能导致公众恐慌和错误的健康行为；金融市场中的谣言可能引发股市波动和投资损失。通过建立谣言传播模型，可以深入理解谣言在不同社交网络和环境中的传播机制和动力学过程。

Maki-Thompson 模型是最具代表性的经典谣言传播模型之一[90]。在该模型中，节点可处于以下三种状态之一：无知者（ignorant）、传播者（spreader）和抑制者（stiflers）。无知者对谣言一无所知，传播者积极传播谣言，抑制者知道谣言但不传播。

初始时刻，假设网络中有一个或少数几个个体处于传播者状态，其他个体均处于无知者状态。状态之间的转换由传播率 λ 和抑制率 α 等参数控制。在每个时间步，传播者会与其邻居进行接触。如果接触到无知者，则无知者以概率 λ 变成传播者；如果接触到传播者或抑制者，则传播者会以概率 α 变成抑制者。这样的动态过程持续进行，直到网络中没有传播者为止。该模型可以描述为

$$无知者变为传播者：I \xrightarrow{\lambda} S, \qquad (4-52)$$

$$传播者变为抑制者：S \xrightarrow{\alpha} R. \qquad (4-53)$$

设 $\psi(t)$、$\varphi(t)$ 和 $s(t)$ 分别表示时间 t 时刻无知者、传播者和抑制者的密度，满足 $\psi(t) + \varphi(t) + s(t) = 1$。传播过程的微分方程为

$$\frac{\mathrm{d}\psi(t)}{\mathrm{d}t} = -\lambda\psi(t)\varphi(t), \qquad (4-54)$$

$$\frac{\mathrm{d}\varphi(t)}{\mathrm{d}t} = \lambda\psi(t)\varphi(t) - \alpha\varphi(t)(\varphi(t) + s(t)), \qquad (4-55)$$

$$\frac{\mathrm{d}s(t)}{\mathrm{d}t} = \alpha\varphi(t)(\varphi(t) + s(t)). \qquad (4-56)$$

在经典谣言传播模型的数值模拟中，通常假设初始条件为 $\psi(0) = 1 - 1/N$，$\varphi(0) = 1/N$，$s(0) = 0$，N 为网络节点数目。为简化起见，假设传播率 $\lambda = 1$。

虽然 Maki-Thompson 模型提供了谣言传播的基础框架，但为了更准确地描述现实世界中的谣言传播，需要对模型进行扩充和改进。Borge-Holthoefer 等人提出带有冷漠节点的谣言传播模型[90]。在该模型中，某些无知者在接触到谣言后不会传播谣言，而是直接变为抑制者。模型反映了现实生活中有些人对谣言不感兴趣或选择不参与传播的情况。假设无知者变为冷漠者的概率为 $1-p$，模型中的状态转换可以描述为

$$无知者变为传播者：I \xrightarrow{\lambda p} S, \qquad (4-57)$$

$$无知者变为抑制者：I \xrightarrow{\lambda(1-p)} R, \qquad (4-58)$$

$$传播者变为抑制者：S \xrightarrow{\alpha} R. \qquad (4-59)$$

类似地，设 $\psi(t)$、$\varphi(t)$ 和 $s(t)$ 分别表示时间 t 时刻无知者、传播者和抑制者的密度，满足 $\psi(t) + \varphi(t) + s(t) = 1$。传播过程对应的微分方程为

$$\frac{\mathrm{d}\psi(t)}{\mathrm{d}t} = -\lambda(1-p)\psi(t)\varphi(t) - \lambda p \psi(t)\varphi(t), \quad (4-60)$$

$$\frac{\mathrm{d}\varphi(t)}{\mathrm{d}t} = \lambda(1-p)\psi(t)\varphi(t) - \alpha\varphi(t)(\varphi(t)+s(t)), \quad (4-61)$$

$$\frac{\mathrm{d}s(t)}{\mathrm{d}t} = \alpha\varphi(t)(\varphi(t)+s(t)) + \lambda p \psi(t)\varphi(t). \quad (4-62)$$

进一步地，谣言传播模型还可以引入个体的活动模式[90]。每个传播者在给定时间内的活动概率随机分配，传播者仅在活跃时才会尝试传播谣言。这种设置考虑了人类活动模式的异质性，因为个体并非总是活跃，且他们的活动在时间上并不随机分布。模型假设个体的活动概率可以从三种不同的分布中抽取：均匀分布 $P(a) \sim c$、指数分布 $P(a) \sim e^{-a/a_c}$ 和幂律分布 $P(a) \sim a^{-\gamma}$。网络中度高的节点通常更活跃，因此假设个体的活动概率与其度相关。传播者的转换规则为

$$无知者变为传播者：\mathrm{I} \xrightarrow{\lambda a_i} \mathrm{S}, \quad (4-63)$$

$$传播者变为抑制者：\mathrm{S} \xrightarrow{\alpha} \mathrm{R}, \quad (4-64)$$

其中，a_i 表示节点 i 的活动概率。

类似地，该传播过程对应的微分方程为

$$\frac{\mathrm{d}\psi(t)}{\mathrm{d}t} = -\lambda\psi(t)\varphi(t)\sum a_i, \quad (4-65)$$

$$\frac{\mathrm{d}\varphi(t)}{\mathrm{d}t} = \lambda\psi(t)\varphi(t)\sum a_i - \alpha\varphi(t)(\varphi(t)+s(t)), \quad (4-66)$$

$$\frac{\mathrm{d}s(t)}{\mathrm{d}t} = \alpha\varphi(t)(\varphi(t)+s(t)), \quad (4-67)$$

其中，$\sum a_i$ 表示所有节点的活动概率的总和。

近年来，研究者从考虑个体在社交网络中的不同角色和影响力出发，引入了个体信念和信息更新机制，以及社交网络结构和社区属性等[92,93]，将社会心理学因素，如个体信念、态度、社会影响等，融入谣言传播模型中，以

提高模型的解释力[94]。

习题四

1. 常见的传播阈值求解方法各自适用的场景是什么？

2. 建立基于多层网络的传播模型的背景和动机是什么？试构建一个信息 - 行为 - 疾病传播模型。

3. 复合种群网络上的 SIS、SIR 模型传播与复杂网络上的传播有何区别？

参考文献

[1] 周涛，傅忠谦，牛永伟，等. 复杂网络上传播动力学研究综述 [J]. 自然科学进展，2005，15（5）：513 - 518.

[2] 刘宗华，阮中远，唐明. 复杂网络上的流行病传播 [M]. 北京：高等教育出版社，2021.

[3] Pastor-Satorras R, Vespignani A. Epidemic spreading in scale-free networks [J]. Physical Review Letters, 2001, 86（14）：3200.

[4] 李睿琪，王伟，舒盼盼，等. 复杂网络上流行病传播动力学的爆发阈值解析综述 [J]. 复杂系统与复杂性科学，2016，13（1）：1 - 39.

[5] Funk S, Gilad E, Watkins C, et al. The spread of awareness and its impact on epidemic outbreaks [J]. Proceedings of the National Academy of Sciences, 2009, 106（16）：6872 - 6877

[6] Granell C, Gómez S, Arenas A. Dynamical interplay between awareness and epidemic spreading in multiplex networks [J]. Physical Review Letters, 2013, 111（12）：128701

[7] Granell C, Gómez S, Arenas A. Competing spreading processes on multiplex networks: awareness and epidemics [J]. Physical Review E, 2014, 90（1）：012808

[8] De Domenico M, Granell C, Porter M A, et al. The physics of spreading processes in multilayer networks [J]. Nature Physics, 2016, 12（10）：901 - 906

［9］ Chen X, Wang R, Tang M, et al. Suppressing epidemic spreading in multiplex networks with social-support ［J］. New Journal of Physics, 2018, 20 （1）: 013007

［10］ Boccaletti S, Bianconi G, Criado R, et al. The structure and dynamics of multilayer networks ［J］. Physics Reports, 2014, 544 （1）: 1 − 122

［11］ de Arruda G F, Rodrigues F A, Moreno Y. Fundamentals of spreading processes in single and multilayer complex networks ［J］. Physics Reports, 2018, 756: 1 − 59

［12］ Guo Q, Jiang X, Lei Y, et al. Two-stage effects of awareness cascade on epidemic spreading in multiplex networks ［J］. Physical Review E, 2015, 91 （1）: 012822

［13］ Nicosia V, Skardal P S, Arenas A, et al. Collective phenomena emerging from the interactions between dynamical processes in multiplex networks ［J］. Physical Review Letters, 2017, 118 （13）: 138302

［14］ Moinet A, Pastor-Satorras R, Barrat A. Effect of risk perception on epidemic spreading in temporal networks ［J］. Physical Review E, 2018, 97 （1）: 012313

［15］ Wang W, Liu Q H, Cai S M, et al. Suppressing disease spreading by using information diffusion on multiplex networks ［J］. Scientific Reports, 2016, 6: 29259.

［16］ da Silva P C V, Velásquez-Rojas F, Connaughton C, et al. Epidemic spreading with awareness and different timescales in multiplex networks ［J］. Physical Review E, 2019, 100 （3）: 032313.

［17］ 沈力峰, 王建波, 杜占玮, 等. 基于社团结构和活跃性驱动的双层网络传播动力学 ［J］. 物理学报, 2023, 72 （6）: 350 − 358.

［18］ Chen J, Liu Y, Tang M, et al. Asymmetrically interacting dynamics with mutual confirmation from multi-source on multiplex networks ［J］. Information Sciences. 2023, 619: 478 − 90

［19］ Li D, Xie W, Han D, et al. A multi-information epidemic spreading model on a two-layer network ［J］. Information Sciences. 2023, 651: 119723

［20］ Yin Q, Wang Z, Xia C, et al. Impact of co-evolution of negative vaccine-related information, vaccination behavior and epidemic spreading in multilayer networks ［J］. Communications in Nonlinear Science and Numerical Simulation. 2022, 109: 106312.

［21］ Chen J, Liu Y, Yue J, et al. Coevolving spreading dynamics of negative information and epidemic on multiplex networks [J]. Nonlinear Dynamics. 2022, 110 (4): 3881 -3891.

[22] Perra N. Non-pharmaceutical interventions during the COVID-19 pandemic: A review [J]. Physics Reports. 2021, 913: 1-52.

[23] Zhan X X, Liu C, Zhou G, et al. Coupling dynamics of epidemic spreading and information diffusion on complex networks [J]. Applied Mathematics and Computation, 2018, 332: 437-48.

[24] Jain K, Bhatnagar V, Prasad S, et al. Coupling fear and contagion for modeling epidemic dynamics [J]. IEEE Transactions on Network Science and Engineering. 2022, 10 (1): 20-34.

[25] Qiu Z, Espinoza B, Vasconcelos VV, et al. Understanding the coevolution of mask wearing and epidemics: A network perspective [J]. Proceedings of the National Academy of Sciences, 2022, 119 (26): e2123355119.

[26] Teslya A, Nunner H, Buskens V, et al. The effect of competition between health opinions on epidemic dynamics [J]. PNAS nexus, 2022, 1 (5): pgac260.

[27] Chen X, Wang R, Tang M, et al. Suppressing epidemic spreading in multiplex networks with social-support [J]. New Journal of Physics, 2018, 20 (1): 013007.

[28] Yin Q, Wang Z, Xia C, et al. A novel epidemic model considering demographics and intercity commuting on complex dynamical networks [J]. Applied Mathematics and Computation, 2020, 386: 125517.

[29] Liu L, Feng M, Xia C, et al. Epidemic trajectories and awareness diffusion among unequals in simplicial complexes [J]. Chaos, Solitons & Fractals, 2023, 173: 113657.

[30] Zhu Y, Li C, Li X. Epidemic spreading on coupling network with higher-order information layer [J]. New Journal of Physics, 2023, 25 (11): 113043.

[31] Chen Y, Liu Y, Tang M, Lai Y-C. Epidemic dynamics with non-Markovian travel in multilayer networks [J]. Communications Physics, 2023, 6: 263.

[32] Chang X, Cai C R, Wang C Y, et al. Combined effect of simplicial complexes and interlayer interaction: An example of information-epidemic dynamics on multiplex networks [J]. Physical Review Research, 2023, 5 (1): 013196.

［33］ Wang Z, Li H, Chen J, et al. Coupled propagation dynamics on complex networks: A brief review ［J］. Europhysics Letters, 2023, 145: 11001.

［34］ Wang W, Nie Y, Li W, et al. Epidemic spreading on higher-order networks ［J］. Physics Reports, 2024, 1056: 1 - 70.

［35］ Tatem A J. Mapping population and pathogen movements ［J］. International Health, 2014, 6 (1): 5 - 11.

［36］ Barbosa H, Barthelemy M, Ghoshal G, et al. Human mobility: Models and applications ［J］. Physics Reports, 2018, 734: 1 - 74.

［37］ Pastor-Satorras R, Castellano C, Van Mieghem P, et al. Epidemic processes in complex networks ［J］. Reviews of Modern Physics, 2015, 87 (3): 925.

［38］ Rvachev L A, Longini Jr I M. A mathematical model for the global spread of influenza ［J］. Mathematical Biosciences, 1985, 75 (1): 3 - 22.

［39］ Grais R F, Hugh Ellis J, Glass G E. Assessing the impact of airline travel on the geographic spread of pandemic influenza ［J］. European Journal of Epidemiology, 2003, 18: 1065 - 1072.

［40］ Colizza V, Barrat A, Barthélemy M, et al. The role of the airline transportation network in the prediction and predictability of global epidemics ［J］. Proceedings of the National Academy of Sciences, 2006, 103 (7): 2015 - 2020.

［41］ Balcan D, Colizza V, Gonçalves B, et al. Multiscale mobility networks and the spatial spreading of infectious diseases ［J］. Proceedings of the National Academy of Sciences, 2009, 106 (51): 21484 - 21489.

［42］ Balcan D, Hu H, Goncalves B, et al. Seasonal transmission potential and activity peaks of the new influenza A (H1N1): a Monte Carlo likelihood analysis based on human mobility ［J］. BMC Medicine, 2009, 7: 1 - 12.

［43］ Colizza V, Vespignani A, Perra N, et al. Estimate of Novel Influenza A/H1N1 cases in Mexico at the early stage of the pandemic with a spatially structured epidemic model ［J］. PLoS Currents, 2009, 1.

［44］ Colizza V, Pastor-Satorras R, Vespignani A. Reaction - diffusion processes and metapopulation models in heterogeneous networks ［J］. Nature Physics, 2007, 3 (4):

276 - 282.

[45] Colizza V, Vespignani A. Invasion threshold in heterogeneous metapopulation networks [J]. Physical Review Letters, 2007, 99 (14): 148701.

[46] Saldaña J. Continuous-time formulation of reaction-diffusion processes on heterogeneous metapopulations [J]. Physical Review E, 2008, 78 (1): 012902.

[47] Levins R. Some demographic and genetic consequences of environmental heterogeneity for biological control [J]. Bulletin of the ESA, 1969, 15 (3): 237 - 240.

[48] Hanski I A, Gaggiotti O E. Ecology, genetics and evolution of metapopulations [M]. New York: Academic Press, 2004.

[49] Hufnagel L, Brockmann D, Geisel T. Forecast and control of epidemics in a globalized world [J]. Proceedings of the National Academy of Sciences, 2004, 101 (42): 15124 - 15129.

[50] Song C, Qu Z, Blumm N, et al. Limits of predictability in human mobility [J]. Science, 2010, 327 (5968): 1018 - 1021.

[51] Balcan D, Vespignani A. Phase transitions in contagion processes mediated by recurrent mobility patterns [J]. Nature Physics, 2011, 7 (7): 581 - 586.

[52] Belik V, Geisel T, Brockmann D. Natural human mobility patterns and spatial spread of infectious diseases [J]. Physical Review X, 2011, 1 (1): 011001.

[53] Gómez-Gardeñes J, Soriano-Panos D, Arenas A. Critical regimes driven by recurrent mobility patterns of reaction - diffusion processes in networks [J]. Nature Physics, 2018, 14 (4): 391 - 395.

[54] Cota W, Soriano-Paños D, Arenas A, et al. Infectious disease dynamics in metapopulations with heterogeneous transmission and recurrent mobility [J]. New Journal of Physics, 2021, 23 (7): 073019.

[55] Wang J B, Li X. Uncovering spatial invasion on metapopulation networks with SIR epidemics [J]. IEEE Transactions on Network Science and Engineering, 2019, 6 (4): 788 - 800.

[56] Tang M, Liu Z, Li B. Epidemic spreading by objective traveling [J]. Europhysics Letters, 2009, 87 (1): 18005.

［57］ Choi E M, Chu D K W, Cheng P K C, et al. In-flight transmission of SARS − CoV − 2 ［J］. Emerging Infectious Diseases, 2020, 26 (11): 2713.

［58］ Hu M, Lin H, Wang J, et al. Risk of coronavirus disease 2019 transmission in train passengers: An epidemiological and modeling study ［J］. Clinical Infectious Diseases, 2021, 72 (4): 604 − 610.

［59］ Ruan Z, Tang M, Liu Z. How the contagion at links influences epidemic spreading ［J］. European Physical Journal B, 2013, 86: 149.

［60］ Qian X, Ukkusuri S V. Connecting urban transportation systems with the spread of infectious diseases: A Trans-SEIR modeling approach ［J］. Transportation Research Part B: Methodological, 2021, 145: 185 − 211.

［61］ Zhang Z, Liu C, Zhan X, et al. Dynamics of information diffusion and its applications on complex networks ［J］. Physics Reports, 2016, 651: 1 − 34.

［62］ Goel S, Watts J D, Goldstein G D. The structure of online diffusion networks ［C］. Proceedings of the 13th ACM Conference on Electronic Commerce, 2012, 623 − 638.

［63］ Cheng J, Adamic A L, Dow A P, et al. Can cascades be predicted? ［C］. Proceedings of the 23rd International Conference on World Wide Web, 2014, 925 − 936.

［64］ Lerman K, Ghosh R. Information contagion: an empirical study of the spread of news on Digg and Twitter social networks ［C］. Proceedings of the 4th AAAI International Conference on Weblogs and Social Media, 2010, 52: 166 − 176.

［65］ Bao P, Shen H − W, Chen W, Cheng X − Q. Cumulative effect in information diffusion: empirical study on a microblogging network ［J］. PLoS ONE, 2013, 8 (10): e76027.

［66］ Sen P, Lev M, Shaoting T, et al. Exploring the complex pattern of information spreading in online blog communities ［J］. PLoS One, 2015, 10 (5): e0126894.

［67］ Zhao Q, Erdogdu M A, He H Y, et al. SEISMIC: A self-exciting point process model for predicting Tweet popularity ［C］. Proceedings of the 21st ACM International Conference on Knowledge Discovery and Data Mining, 2015, 1513 − 1522.

［68］ Michela V D, Alessandro B, Fabiana Z, et al. The spreading of misinformation online ［J］. Proceedings of the National Academy of Sciences, 2016, 113 (3): 554 − 559.

［69］ Vosoughi S, Roy D, Aral S. The spread of true and false news online ［J］. Science,

2018, 359 (6380): 1146 – 1151.

[70] Centola, Damon. The Spread of behavior in an online social network experiment [J]. Science, 2010, 329 (5996): 1194 – 1197.

[71] Centola D. An experimental study of homophily in the adoption of health behavior [J]. Science, 2011, 334 (6060): 1269 – 1272.

[72] Kimura M, Saito K, Motoda H. Minimizing the spread of contamination by blocking links in a network [C]. In Proceedings of 23rd AAAI Conference on Artificial Intelligence, 2008, 1175 – 1180.

[73] Pinto P C, Thiran P, Vetterli M. Locating the source of diffusion in large-scale networks [J]. Physical Review Letters, 2012, 109 (6): 068702.

[74] Granovetter M. Threshold Models of Collective Behavior [J]. American Journal of Sociology, 1978, 83 (6): 1420 – 1443.

[75] Granovetter M, Soong R. Threshold models of diffusion and collective behavior [J]. Journal of Mathematical Sociology, 1983, 9 (3): 165 – 179.

[76] Goldenberg J, Libai B, Muller E. Talk of the Network: A Complex Systems Look at the Underlying Process of Word-of-Mouth [J]. Marketing Letters, 2001, 12 (3): 211 – 223.

[77] Daley D J, Kendall D G. Epidemics and rumours [J]. Nature, 1964, 204: 1118 – 1118.

[78] Draief M, Massouli L. Epidemics and Rumours in Complex Networks [M]. Cambridge University Press, 2009.

[79] Watts D J. A simple model of global cascades on random networks [J]. Proceedings of the National Academy of Sciences, 2002, 99 (9): 5766 – 5771.

[80] Callaway D S, Newman M E J, Strogatz S H, Watts D J. Network robustness and fragility: Percolation on random graphs [J]. Physical Review Letters, 2000, 85 (25): 5468 – 5471.

[81] Newman M E J, Strogatz S H, Watts D J. Random graphs with arbitrary degree distributions and their applications [J]. Physical Review E, 2001, 64 (2): 026118.

[82] Centola D, Eguíluz M V, Macy W M. Cascade dynamics of complex propagation [J].

Physica A: Statistical Mechanics and its Applications, 2006, 374 (1): 449 - 456.

[83] Galstyan A, Cohen P. Cascading dynamics in modular networks [J]. Physical Review E, 2007, 75 (3): 036109.

[84] Nematzadeh A, Ferrara E, Flammini A, et al. Optimal network modularity for information diffusion [J]. Physical Review Letters, 2014, 113 (8): 088701.

[85] Payne J L, Dodds P S, Eppstein M J. Information cascades on degree-correlated random networks [J]. Physical Review E, 2009, 80 (2): 026125.

[86] Yağan O, Gligor V. Analysis of complex contagions in random multiplex networks [J]. Physical Review E, 2012, 86 (3): 036103.

[87] Gleeson J P, Cahalane D J. Seed size strongly affects cascades on random networks [J]. Physical Review E, 2007, 75 (5): 056103.

[88] Singh P, Sreenivasan S, Szymanski B K, et al. Threshold-limited spreading in social networks with multiple initiators [J]. Scientific Reports, 2013, 3 (1): 2330.

[89] Ruan Z, Iniguez G, Karsai M, et al. Kinetics of social contagion [J]. Physical Review Letters, 2015, 115 (21): 218702.

[90] Maki D P, Thompson M. Mathematical models and applications: With emphasis on the social, life, and management sciences [M]. Prentice-Hall, 1973.

[91] Borge-Holthoefer J, Meloni S, Gonçalves B, et al. Emergence of influential spreaders in modified rumor models [J]. Journal of Statistical Physics, 2013, 151: 383 - 393.

[92] Wang Y, Qing F, Chai J P, et al. Spreading dynamics of a 2sih2r, rumor spreading model in the homogeneous network [J]. Complexity, 2021, 2021: 1 - 9.

[93] Vega-Oliveros D A, da Fontoura Costa L, Rodrigues F A. Influence maximization by rumor spreading on correlated networks through community identification [J]. Communications in Nonlinear Science and Numerical Simulation, 2020, 83: 105094.

[94] Wang X, Li Y, Li J, et al. A rumor reversal model of online health information during the Covid - 19 epidemic [J]. Information Processing & Management, 2021, 58 (6): 102731.

第 5 章

网络的鲁棒性

复杂网络的鲁棒性是指网络中一部分节点或边失效后，网络保持其结构和原有功能的能力。对复杂网络鲁棒性问题的研究在多个领域中都具有重要意义。例如，在生态学领域，关键物种受到威胁可能导致生态网络的结构改变，研究其鲁棒性有助于理解生态系统在外界扰动下的稳定性维持机制，为生态保护提供科学依据[1]。在工程建设领域，研究网络的鲁棒性有助于设计更高效、更牢固的基础设施，如电力网、通信网和道路网络等[2]。虽然网络的鲁棒性问题定义明确，但定量分析却有一定困难[3]。科学家利用统计物理学中的渗流理论解决了这一问题。点渗流、边渗流、k-核渗流等多种渗流方法被应用于研究单层网络、多层网络和高阶网络的鲁棒性。

5.1　网络渗流方法

渗流这一概念最初起源于物理学，描述的是流体在多孔介质中的流动现象。多孔介质是一种物质结构，包含大量的孔隙或通道，使得流体能够通过这些孔隙或通道从一个部分流动到另一个部分。在现实生活中，许多传播过程可近似于渗流过程。如在流行病传播中，将人群居住的社区、城市视为多孔介质，个体被视为多孔介质中的孔隙。当个体通过线下社交、乘坐交通工具等方式与其他个体接触，病毒就有可能从一个个体（孔隙）传播到另一个体（孔隙）。这种传播过程与流体在多孔介质中的流动非常相似，可以被视为一种渗流现象。

在复杂网络中，渗流理论最初用于研究二维晶格网络的鲁棒性问题。在二维晶格网络上，以一定的概率 p 随机选择节点或边进行占据，模拟渗流过程。当占据概率 p 不超过某个临界值（阈值点）时，占据的节点或边只能构成孤立的渗流簇，渗流簇之间并未连通；当占据概率 p 达到阈值点时，孤立的渗流簇将连通起来，形成贯穿整个二维晶格网络的最大渗流簇，称为巨组件。随着占据概率 p 的进一步增加，更多的孤立簇将连接到巨组件，使其规模不断扩大，直到网络中的所有节点都被包含在巨组件中。巨组件的大小是研究网络鲁棒性的重要序参量。当网络遭受攻击时，节点或边以 $1-p$ 的概率被移除，这些被移除的节点或边视为未被占据，保留的节点或边视为被占据。通过调整概率 p 的值，可以研究网络在遭受不同程度攻击时的鲁棒性。当 $p=1$ 时，表示网络中所有的节点或边都未受到攻击；随着 p 的减小，网络逐渐被破坏，形成一个巨组件和多个孤立的渗流簇；当 p 小于阈值时，巨组件消失，形成更多的孤立渗流簇；当 $p=0$ 时，表示网络中的所有节点或边都被移除。

5.1.1　点渗流

点渗流描述的是网络中节点被占据的过程，未被占据的节点可视为失效或被移除的节点。节点的移除会影响网络的连通性，使其结构发生变化[4]。在利用点渗流理论分析网络 G 的鲁棒性时，考虑到删除 $1-p$ 比例的节点会改变网络 G 的度分布，首先分析简化情况，即设节点的占据概率 $p=1$。设 R 表示沿着一条随机选择的边到达的节点属于巨组件的概率，S 表示随机选择的节点属于巨组件的概率。度为 k 的节点不属于巨组件，则其所有 k 条边都不与巨组件连接，则

$$S = 1 - \sum_{k=0} p_k (1-R)^k. \qquad (5-1)$$

利用度分布生成函数 $G_0(x) = \sum_k p_k x^k$，式（5-1）可表示为

$$S = 1 - G_0(1-R). \qquad (5-2)$$

考虑随机选择的一条边是否连向巨组件，如果连向，则到达的节点的剩余 $k-1$ 条边中至少有一条边连向巨组件，此时 R 表示为

$$R = \sum_{k} \frac{p_k k}{\langle k \rangle} \sum_{i=1}^{k-1} \binom{k-1}{i} R^i (1-R)^{k-1-i}$$

$$= 1 - \sum_{k} \frac{p_k k}{\langle k \rangle} (1-R)^{k-1}, \qquad (5-3)$$

其中$\frac{p_k k}{\langle k \rangle}$表示随机选择一条边到达的节点度为$k$的概率，即网络的剩余度分布。利用剩余度分布生成函数$G_1(x) = \sum_{k} q_k x^{k-1}$，式（5-3）可表示为

$$R = 1 - G_1(1-R). \qquad (5-4)$$

接下来分析当$p \neq 1$时，即网络 G 中部分节点被初始删除时的情况，这会改变网络的度分布[3]，也会改变生成函数$G_0(x)$和$G_1(x)$。分析部分节点被初始删除的网络 G 的鲁棒性，需确定删除节点后新网络 G'的度分布$p_{k'}$。新网络 G'中度为k'的节点是原网络 G 中度为k的节点删除$k-k'$条边（即$k-k'$个邻居节点被删除）所得，因而有

$$p_{k'} = \sum_{k=k'}^{\infty} p_k \binom{k}{k'} p^{k'} (1-p)^{k-k'}, \qquad (5-5)$$

其中，$p_k \binom{k}{k'}$表示原网络中随机选择的节点度为k，且从其邻居中选择k'个节点作为新网络中该节点的邻居的概率；$p^{k'}(1-p)^{k-k'}$表示这k'个节点中每个节点以概率p被保留，剩余的$k-k'$个节点每个以概率$1-p$被删除。利用式（5-5），得到 G'的度分布和剩余度分布生成函数

$$g_0(x) = \sum_{k'=0}^{\infty} p_{k'} x^{k'}$$

$$= \sum_{k'=0}^{\infty} \sum_{k=k'}^{\infty} p_k \binom{k}{k'} p^{k'} (1-p)^{k-k'} x^{k'}$$

$$= G_0(1-p+px),$$

$$g_1(x) = \sum_{k'=1}^{\infty} \frac{p_{k'} k'}{p \langle k \rangle} x^{k'-1} \qquad (5-6)$$

$$= \sum_{k'=1}^{\infty} p_{k'} \sum_{k=k'}^{\infty} p_k \binom{k}{k'} p^{k'} (1-p)^{k-k'} \frac{k'}{p \langle k \rangle} x^{k'-1}$$

$$= G_1(1-p+px).$$

其中，$G_0(x)$ 和 $G_1(x)$ 是原网络 G 的度分布和剩余度分布的生成函数。将方程（5-6），代入方程（5-2）和（5-4），可得

$$S = 1 - g_0(1 - R) = 1 - G_0(1 - pR), \qquad (5-7)$$

$$R = 1 - g_1(1 - R) = 1 - G_1(1 - pR). \qquad (5-8)$$

此时，$(1 - pR)$ 应理解为一个没有被删除的节点的邻居被删除的概率。删除节点不仅会改变网络度分布，还导致网络总节点数减少至原来的 p 倍，即方程（5-7）和（5-8）求出的 S 是相对于删除节点后的新网络 G′，若要与原网络 G 的规模进行比较，需乘以 p，即

$$S = p[1 - G_0(1 - pR)], \qquad (5-9)$$

$$R = 1 - G_1(1 - pR). \qquad (5-10)$$

为了方便或数学上的对称性，设 $R' = pR$，代入方程（5-9）和方程（5-10），从而有

$$S = p[1 - G_0(1 - R')], \qquad (5-11)$$

$$R' = p[1 - G_1(1 - R')]. \qquad (5-12)$$

用 R 代替 R'，可得

$$S = p[1 - G_0(1 - R)], \qquad (5-13)$$

$$R = p[1 - G_1(1 - R)]. \qquad (5-14)$$

此时的 R 与方程（5-10）中的 R 不同。公式（5-13）右侧的 p 表示节点初始时未被删除的概率，$1 - G_0(1 - R)$ 表示节点属于巨组件的概率；公式（5-14）右侧的 p 表示随机选择的边到达的节点初始时未被删除的概率，$1 - G_1(1 - R)$ 表示该节点属于巨组件的概率。

点渗流方法不仅应用于研究网络的鲁棒性，还被用于研究信息在网络中的传播机制[5]及流行病在网络中的传播[6]等。

5.1.2　边渗流

与点渗流不同，边渗流指网络中边被占据的过程。研究网络的鲁棒性时，未被占据的边可视为失效或被移除的边。边渗流现象在现实世界中广泛存在，

例如，互联网上的通信线路出现故障，导致路由器间的连接断开，但路由器仍运行。大多数网络鲁棒性研究采用点渗流，少数研究考虑边渗流[7-9]，但边渗流也可以被表述为点渗流。

利用边渗流理论分析网络的鲁棒性时，考虑到删除 $1-p$ 比例的边会改变网络的度分布，首先分析 $p=1$ 时的情况，这意味着网络中未删除任何边，网络 G 的度分布也未发生变化，此时可以直接应用点渗流理论中 $p=1$ 的公式（5-2）来分析网络 G 的鲁棒性。

接下来分析 $p \neq 1$，即网络中部分边被初始删除时的情况，这会改变网络的度分布以及生成函数 $G_0(x)$ 和 $G_1(x)$。分析网络 G 部分边被删除后的网络 G′的鲁棒性，需确定删除边后网络 G′的度分布 $p_{k'}$。对于边渗流，网络 G′中度为 k' 的节点是原网络 G 中度为 k 的节点删除 $k-k'$ 条边所得，因而有

$$p_{k'} = \sum_{k=k'}^{\infty} p_k \binom{k}{k'} p^{k'} (1-p)^{k-k'}. \quad (5-15)$$

其中，$p_k \binom{k}{k'}$ 表示原网络中随机选择的节点度为 k，且保留其 k' 条边的概率；$p^{k'}(1-p)^{k-k'}$ 表示这 k' 条边每条以概率 p 被保留，剩余的 $(k-k')$ 条边每条以概率 $1-p$ 被删除。网络 G′的度分布和剩余度分布生成函数分别为

$$\begin{aligned}
g_0(x) &= \sum_{k'=0}^{\infty} p_{k'} x^{k'} \\
&= \sum_{k'=0}^{\infty} \sum_{k=k'}^{\infty} p_k \binom{k}{k'} p^{k'} (1-p)^{k-k'} x^{k'} \\
&= G_0(1-p+px), \\
g_1(x) &= \sum_{k'=1}^{\infty} \frac{p_{k'} k'}{p \langle k \rangle} x^{k'-1} \\
&= \sum_{k'=1}^{\infty} p_{k'} \sum_{k=k'}^{\infty} p_k \binom{k}{k'} p^{k'} (1-p)^{k-k'} \frac{k'}{p \langle k \rangle} x^{k'-1} \\
&= G_1(1-p+px),
\end{aligned} \quad (5-16)$$

其中，$G_0(x)$ 和 $G_1(x)$ 是原网络度分布和剩余度分布的生成函数。将方程

（5-16）代入方程（5-2）和（5-4），得到

$$S = 1 - g_0(1-R) = 1 - G_0(1-pR), \qquad (5-17)$$

$$R = 1 - g_1(1-R) = 1 - G_1(1-pR). \qquad (5-18)$$

图 5-1 展示在不同渗流过程下，巨组件大小 S 随占据概率 p 的变化。随着占据概率 p 的增大，巨组件的大小 S 相应增大。网络在边渗流过程中发生不连续相变，在点渗流过程中发生连续相变[3]。

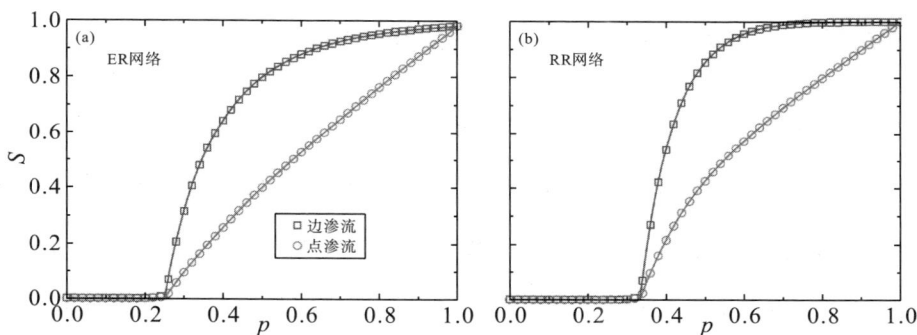

图 5-1　不同渗流过程下巨组件大小 S 随占据概率 p 的变化

正方形和圆圈为仿真结果，实线为解析解，仿真结果和解析解吻合较好。

5.1.3　k 核渗流

k 核渗流是点渗流的一种自然推广[10-13]，关注渗流发生时 k 核的大小。在 k 核渗流中，当占据节点的邻居中占据节点少于 k 个时，该节点转化为非占据节点。转化后占据节点数目变化，可能触发新的转化，当占据节点不再发生转化时，渗流过程达到稳定。此时，占据节点的邻居中至少有 k 个占据节点，它们共同构成 k 核，代表网络中高度互联的部分。如果将非占据节点不断移出网络，k 核渗流可视为反复从网络中移除度小于 k 的节点的过程。获取网络的 k 核可运用剪枝算法，即逐步移除网络中度小于 k 的节点及其连边，直到剩余节点的度至少为 k[10-11]。当 $k=1$ 时，k 核渗流等同于点渗流；当 $k=2$ 时，形成的簇具有类似于双组分/双连通性的结构；$k \geqslant 3$ 时，k 核渗流会展现混合相变现象[10,14,15]。

Dorogovtsev 等人使用 k 核渗流[10]分析网络的鲁棒性。节点的度用 q 表示，以区别于 k 核渗流中的 k。设初始随机移除比例 $Q = 1 - p$ 的节点（p 表示节点保留或占据的概率），依照 k 核剪枝算法得到网络的 k 核。m 元子树指树形网络中每个节点至少拥有 m 个无限大子组件。若随机选择一条边的一端到达的节点属于 k 核，则它至少有其他 $k - 1$ 条边连接到无限大的组件。定义 R 为随机选择一条边的一端不是 $k - 1$ 元子树的根的概率。节点属于 k 核需至少 k 个邻居为 $k - 1$ 元子树的根，节点属于 k 核的概率 $M(k)$ 可表示为

$$M(k) = p \sum_{q \geqslant k} p(q) \sum_{n=k}^{q} \binom{q}{n} R^{q-n} (1 - R)^n, \qquad (5 - 19)$$

其中，$p(q)$ 表示节点度为 q 的概率，第一个求和项 $\sum\limits_{q \geqslant k}$ 表示节点度至少为 k 才能属于 k 核；第二个求和项 $\sum\limits_{n=k}^{q}$ 表示度为 q 的节点，需要至少 k 条边连接到无限大的组件。节点不为 $k - 1$ 元子树的根的情况是，随机选择一条边所到达的节点最多是 $k - 2$ 元子树的根。R 表示为

$$R = 1 - p + p \sum_{n=0}^{k-2} \left[\sum_{i=n}^{\infty} \frac{p(i+1)(i+1)}{z_1} \binom{i}{n} R^{i-n} (1 - R)^n \right], (5 - 20)$$

其中，$(1 - p)$ 表示随机选择的边连接到删除节点的概率，此时节点一定不是 $k - 1$ 元子树的根；方括号中给出一条边所到达的节点有 n 条边连接到 $k - 1$ 元子树的概率，$\dfrac{p(i+1)(i+1)}{z_1}$ 是随机选择一条边的一端度为 $(i+1)$ 的概率，排除这条随机选择的边，该节点还有 i 条边；z_1 为网络平均度；$\binom{i}{n} R^{i-n} (1 - R)^n$ 表示这 i 条边中有 n 条边连接到 k 核的概率。

图 5 - 2 显示在平均度 $\langle k \rangle = 10$ 的随机网络中，k 核的大小 $M(k)$ 随移除节点比例 Q 的变化[10]。k 值大的 k 核最先消失，即连通性最强的结构被最先破坏。图 5 - 2 中的插图显示 k 核的平均度 $Z_1(k)$ 随移除的节点比例 Q 的变化。随着 Q 的增加，$Z_1(k)$ 逐渐减小。

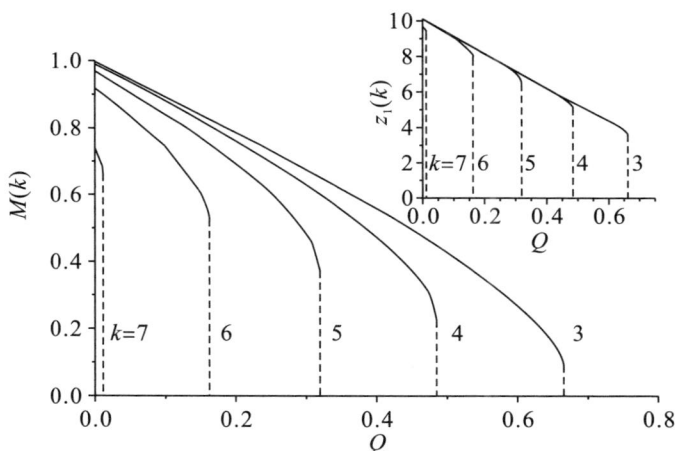

图 5-2　$M(k)$ 随 Q 的变化（$\langle k \rangle = 10$）

5.1.4　渗流理论存在的不足

渗流理论具有广泛的应用领域，但由于其复杂的数学模型和计算要求，对它的研究面临许多挑战[16]。大多数关于渗流的研究都集中在均匀渗流（如点渗流、边渗流）上，即假设网络中的所有节点或边都具有相同的属性。这种假设大大简化了数学模型，使理论推导变得相对简单。但现实世界中许多网络都是异质的，即节点和边的属性各不相同，如社交网络[17]和疾病传播网络[18]。非均匀渗流的数学模型比均匀渗流更复杂，导致求解变得非常困难。尽管对于非均匀渗流的理论研究非常有限，但一些研究者还是取得一些关于非均匀渗流的成果。例如，Kesten 在 1982 年研究了简单正方形网格上的二阶非均匀边渗流，并得到临界侵占概率的表达式[19]。随后，Zhang 等人在 1994 年发现，在正方形网格上的二阶非均匀边渗流中，如果让定点在 x 轴上的边以小于 1 的概率被占据，则临界面上不会发生渗流现象[20]。Grimmett 在 2013 年利用 RSW 理论将 Kesten 1982 年的结果扩展到三角形和六边形网格上的三阶[21]。Ren 等人分别在 2016 年和 2017 年研究了经典 Bethe 网格与带节点随机分布的不规则 Bethe 网格上的非均匀节点渗流[22,23]。非均匀渗流理论仍有待进一步发展和完善，以适应更广泛的实际应用需求。

5.2　多层网络的鲁棒性

现实世界中大多数真实网络不是单独存在，而是相互依赖或相互连接，共同形成一个复杂的系统来实现运转。多层网络结构可以描述这类复杂系统[2,24-28]。例如，通信网和电力网相互依赖，发电站的正常运行为通信网供电，通信网络的正常工作可以对发电站进行控制。发电站出现故障将导致通信网络的节点故障，反过来又造成电力网络的进一步崩溃。网络中少量节点的故障会导致整个系统的崩溃，导致大规模停电[29,30]。又比如航空运输和铁路网相互依赖且相互连接[31]，当它们正常工作时，每个网络都分担部分客流量，属于相互连接的关系；如果机场作为铁路的中转站，火车站的故障将导致机场的客流量大大减少，机场和铁路站点构成相互依赖的关系。在相互连接和相互依赖的网络中，某一层网络出现故障将触发所有层的级联失效，使多层网络比单层网络更脆弱。

学者们对现实世界中广泛存在的多层网络鲁棒性展开研究，包括相互依赖的网络、相互连接的网络、网络的网络等[32-40]。同时，不同的网络攻击方式被研究，如随机攻击[41,42]和目标攻击[43-50]。这些研究为深入理解多层网络鲁棒性提供理论支持，并为网络的优化设计和鲁棒性增强提供重要的思路和方法[51,52]。

5.2.1　鲁棒性分析

尽管研究者普遍认识到网络间存在耦合关系以及多个基础设施网络相互依赖的事实，但关于此问题的研究长期以来缺乏明确的理论框架。直到 2010 年，Buldyrev 等人提出双层网络级联失效模型[29]，该模型由两个相互依赖的网络 A 和网络 B 构成。网络 A 中的节点遵循度分布 $p_A(k)$，网络 B 中的节点遵循度分布 $p_B(k)$。两个网络具有相同的节点数 N，且每个节点之间都建立一对一的依赖关系，即网络 A 中的节点 i 唯一依赖网络 B 中的节点 j，网络 B 中的节点 j 也唯一依赖网络 A 中的节点 i。

在相互依赖网络的级联失效过程中[29]，首先网络 A 中一定比例的节点遭受攻击，如图 5 - 3（a）所示。由于网络之间相互依赖，网络 B 中依赖于网络 A 中被移除节点的节点及其连边被移除，如图 5 - 3（b）所示。在网络 A 中，不属于巨组件的节点及其连边被移除，且依赖于这些被移除节点的网络 B 中的节点及其连边也被移除，如图 5 - 3（c）所示。同样，在网络 B 中不属于巨组件的节点及其连边被移除，且依赖于这些被移除节点的网络 A 中的节点及其连边也被移除，如图 5 - 3（d）所示。继续执行上述过程，直到不再发生节点及其连边的移除，系统达到稳态。

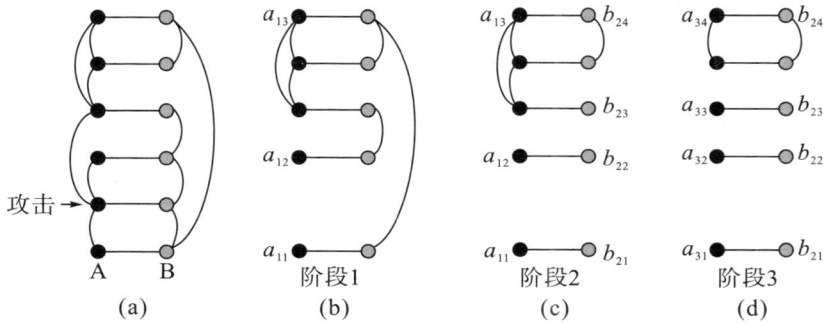

图 5 - 3　相互依赖网络中的级联失效过程

（a）为网络在初始状态下遭到攻击；（b）和（c）为网络在遭受攻击后级联失效过程的
不同阶段；（d）为网络达到稳态，级联失效过程结束。

为确定巨组件的最终大小，定义 x 为在网络 A 中随机选择的一条边连向巨组件的概率，y 为在网络 B 中随机选择的一条边连向巨组件的概率。如果随机选择网络 A 中的一条边，它通向一个度为 k 的节点，只有当这个节点的剩余 $k-1$ 条边中至少有一条边连向巨组件并且其在网络 B 中的依赖节点也在巨组件中时，该节点才会在巨组件中，如图 5 - 4 所示[53]。

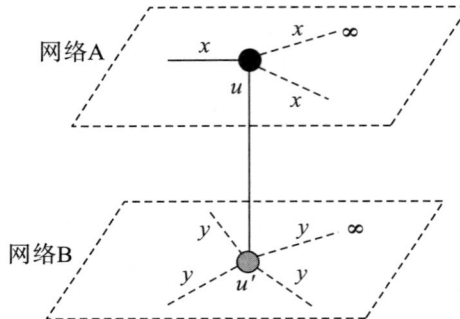

图 5-4 相互依赖的网络示意图

圆圈表示网络 A 中的节点 u 和网络 B 中的节点 u'，符号 ∞ 表示巨组件。

基于这一逻辑，可以计算 x 的值为[53]

$$x = p \cdot \sum_k \frac{P_A(k)k}{\langle k_A \rangle} \left[1 - (1-x)^{k-1} \right] \cdot \sum_{k'} P_B(k') \left[1 - (1-y)^{k'} \right],$$

$$(5-21)$$

其中，p 表示节点的保留概率，$\sum_k \frac{P_A(k)k}{\langle k_A \rangle} \left[1 - (1-x)^{k-1} \right]$ 表示网络 A 中随机选择的一条边到达的节点度为 k 且它剩余的 $k-1$ 条边中至少有一条连向巨组件的概率，$\sum_{k'} P_B(k') \left[1 - (1-y)^{k'} \right]$ 表示上述节点在网络 B 中的依赖节点的 k' 条边中至少有一条边连向巨组件的概率。类似地，在网络 B 中随机选择一条边连向巨组件的概率为

$$y = p \sum_k \frac{P_B(k)k}{\langle k_B \rangle} \left[1 - (1-y)^{k-1} \right] \sum_{k'} P_A(k') \left[1 - (1-x)^{k'} \right].$$

$$(5-22)$$

网络 A 或网络 B 中随机选择的节点在巨组件中的概率为

$$\mu^\infty = p \sum_k P_A(k) \left[1 - (1-x)^k \right] \sum_{k'} P_B(k') \left[1 - (1-y)^{k'} \right].$$

$$(5-23)$$

由于网络 A 和 B 中的节点之间存在一对一的依赖关系，故两个网络的 μ^∞ 相等。

通常情况下，上述系统在临界点 p_c^I 处发生一阶相变。对于一阶相变，在

临界点p_c^I处，巨组件的大小不为零，故不能用泰勒展开式直接简化方程（5 - 21）和（5 - 22），一般采用图解法来求解临界点p_c^I。

方程（5 - 21）和（5 - 22）可以转化为

$$x = F_1(p, y),\qquad(5 - 24)$$

$$y = F_2(p, x).\qquad(5 - 25)$$

在$p = p_c^I$处，两个函数$x = F_1(p_c^I, y)$和$y = F_2(p_c^I, x)$相切，可得到

$$\frac{\partial F_1(p_c^I, y)}{\partial y} \cdot \frac{\partial F_2(p_c^I, x)}{\partial x} = 1.\qquad(5 - 26)$$

以网络 A 和网络 B 都是$P_A(3) = P_B(3) = 1$的随机规则网络的简单情况为例，即两个网络中每个节点的度都为 3，式（5 - 21）、式（5 - 22）和式（5 - 23）变为

$$x = p[1 - (1 - x)^2][1 - (1 - y)^3],\qquad(5 - 27)$$

$$y = p[1 - (1 - y)^2][1 - (1 - x)^3],\qquad(5 - 28)$$

$$\mu^\infty = p[1 - (1 - x)^3][1 - (1 - y)^3].\qquad(5 - 29)$$

若$x \neq 0$，$y \neq 0$，进一步简化得到

$$x = F_1(p, y) = 2 - \frac{1}{p[1 - (1 - y)^3]},\qquad(5 - 30)$$

$$y = F_2(p, x) = 2 - \frac{1}{p[1 - (1 - x)^3]}.\qquad(5 - 31)$$

式（5 - 26）可写为

$$\frac{3(1 - y)^2}{p_c^I[1 - (1 - y)^3]^2} \cdot \frac{3(1 - x)^2}{p_c^I[1 - (1 - x)^3]^2} = 1.\qquad(5 - 32)$$

求解上述三个方程得到$x = y \approx 0.5446$，$p_c^I \approx 0.7588$，从而得到相应的巨组件大小$\mu^\infty \approx 0.6329$。

如图 5 - 5 所示[53]，当$p = p_c^I \approx 0.7588$时，方程（5 - 26）中两条曲线在$x = y \approx 0.5446$处相切。当$p < p_c^I$时，两条曲线相离，并且只有方程（5 - 27）和（5 - 28）的平凡解$x = y = 0$。这种巨组件大小的突然变化对应于一阶相变，

其中μ^∞在$p = p_c^I$处从 0 突变到 0.6329，图 5-6 中的模拟结果展示了这一变化[53]。

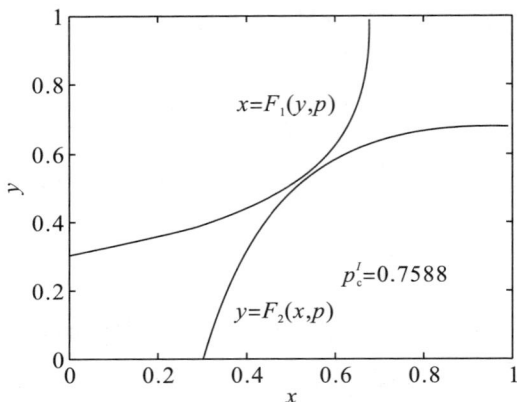

图 5-5　图解法求解相互依赖网络的临界值p_c^I

两条曲线分别表示方程（5-30）和（5-31）。

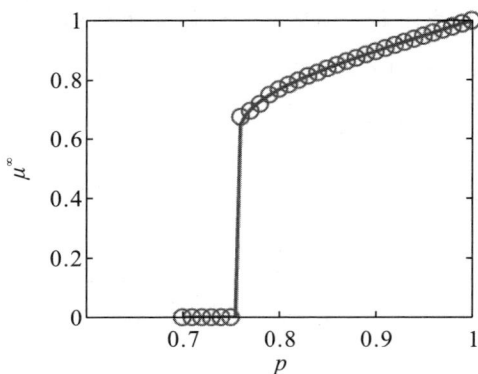

图 5-6　网络巨组件大小随节点保留概率 P 的变化

圆圈代表模拟结果，实线是由方程（5-32）得到的理论结果。

5.2.2　多层网络鲁棒性研究进展

Buldyrev 等人在 2010 年提出的双层网络鲁棒性分析的框架中定义了两种类型的边：连接层内节点的连接边及连接层间节点的依赖边。在这个模型中，依赖边的数量是固定的，通过改变连接边的数量来改变节点的度，发现网络的度分布越广，其鲁棒性越低。为更全面地理解多层网络的鲁棒性，研究者们将多层网络分为相互依赖网络和相互连接网络两类。

在相互依赖的网络中，一层节点的失效会引发依赖于该层节点的其他层的节点相继失效，这种依赖关系使得相互依赖网络非常脆弱[29,34,36,37,54]，容易受到攻击或故障的影响。同时在相互依赖网络中，依赖关系是一一对应的，即每层网络中的节点都与另一层节点相互依赖。这种相互依赖的关系使得网络在面临小规模的失效时，就可能引发大规模的节点失效，发生一阶相变[29,33]。为了更贴近现实，研究者们提出部分相互依赖的网络模型，其中每层网络只有部分节点与另一层节点相互依赖。研究发现随着依赖边数量的增加，部分相互依赖网络的耦合强度增强，导致双层网络更加脆弱[34,55]。另外，节点间的依赖性并不总是那么强，即在依赖节点失效的情况下，某些节点仍能保持存活，而与它们相连的部分连接边会断开。对这种仅部分连接边断开的弱依赖网络的鲁棒性进行研究，发现节点之间的依赖强度越低，网络的鲁棒性越强[8,56-58]。学者们还对多重依赖网络进行研究，其中某一层的节点依赖于另一层的多个节点。Shao 提出一种模型，其中一层网络的节点单向依赖于另一层网络的多个节点，这种依赖关系通过依赖支持边实现。只有当节点的依赖群中至少有一个支持节点具备功能时，节点才能正常工作。在依赖支持边数量很大时，网络才会发生二阶相变[59]。研究者们还探究由多个网络组成的网络（Network of networks）的鲁棒性，由于网络之间存在各种连接关系，组成的网络可以是树状网络、星状网络和环状网络等[60-62]。

在相互连接的网络中，连接两层网络的连接边为每个节点提供额外的连接，显著提高了网络的鲁棒性[63,64]。在双层网络中，通过层间连接边相连的节点的度存在一定的关联性[65,66]，如正相关或负相关。研究发现节点的度呈现正相关时，两层网络中互连的节点能显著增强多层网络的鲁棒性。在同时具有相互依赖和相互连接的耦合网络[67,68]中，两种类型的边在网络中相互竞争。研究发现相互连接的边增加系统的鲁棒性，相互依赖的边降低系统的鲁棒性。

5.3　高阶网络的鲁棒性

在许多真实交互系统中不仅有点对之间的交互，也存在群体交互[69]。如枢纽机场的形成与多个机场之间的共同作用有关[70]、神经元对大脑功能的共同影响[71,72]、物种间的多维竞争维持生态群落多样性[73]、不同类型的微生物组成的多物种群落共同改变环境[74]及社会系统中个体以合作的方式形成群体进行公共产品的博弈[75]。这些交互不是发生在成对的节点之间，而是群体层面上的集体行为。为更好地描述和理解这种高阶交互，学者们引入群、组、单纯复形或超图来描述多个节点之间的高阶交互[76-85]，并使用群渗流、拓扑渗流、点渗流等方法研究高阶网络的鲁棒性。

在单层单纯复形网络鲁棒性的研究中，Zhao 等人发现当网络中三角形数超过一个固定值时，网络将变得非常脆弱[79]，此现象在高维度单纯复形网络中同样存在[80]；他们还发现，在有向高阶网络中，添加有向边能增强系统鲁棒性[81]；对于双曲单纯复形网络，在标准边渗流下发生不连续相变[82]。

对多层单纯复形网络的研究发现，高阶交互作用在层内时，一个节点的失效可能导致同一三角形内的其他节点也失效，从而降低网络鲁棒性[83]；当高阶交互作用发生在层间时，即便节点在某层失效，依赖于它的另一层节点只是以一定概率失效，使网络鲁棒性增强[84]。这些研究为设计鲁棒性更强的网络结构提供理论依据。

5.3.1　单纯复形的鲁棒性

类似于图是边的集合，单纯复形 K 是单纯形 σ 的集合。k - 单纯形 σ 是由 $k+1$ 个交互的节点形成，数学形式为 $\sigma = [p_0, p_1, \cdots, p_k]$。若 k - 单纯形 $\sigma = [p_0, p_1, \cdots, p_k] \in K$，其任何维度的子集也属于 K。如 2 - 单纯形 $[a, b, c] \in K$，则 0 - 单纯形 $[a]$，$[b]$，$[c]$ 以及 1 - 单纯形 $[a, b]$，$[a, c]$，$[b, c]$ 也都属于 K。这一性质表明，一个节点可以参与多个维度单纯形

的构成。在 2 - 单纯复形网络中，如果一个节点既参与 s 条边，也参与 t 个三角形，该节点被选中的概率可以用 P_{st} 表示。

以两个工作为例，说明单纯复形鲁棒性的相关研究。Zhao 等人提出单层单纯复形级联失效模型[79]。在该模型中，假设已移除的节点会导致处在同一三角形中的其他节点也被移除。若新移除的节点还位于另一个三角形中，这一过程将反复进行，直到三角形组件（完全由三角形组成的子图，如图 5 - 7 所示）中的所有节点都被移除[79]。

定义沿着一个三角形到达一个三角形组件且该三角形组件中没有节点被移除的概率为 z，表示为

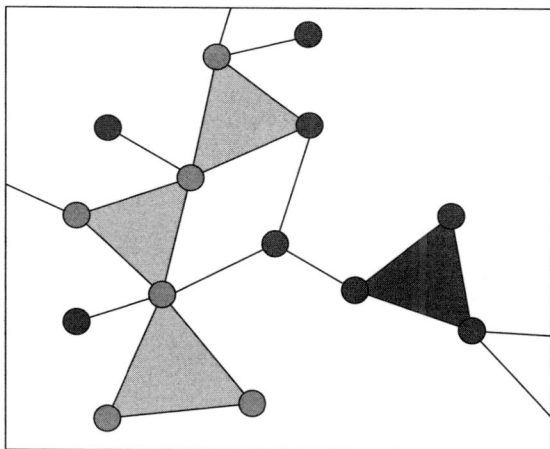

图 5 - 7 由三角形组成的三角形组件的图示

最大的三角形组件由三个三角形组成，另一个三角形组件由一个三角形组成。

$$z = p^2 \left(\sum_t \frac{t P_t}{\langle t \rangle} z^t \right)^2, \tag{5-33}$$

其中，$\langle t \rangle$ 表示节点参与三角形的平均数目，P_t 表示网络中参与 t 个三角形的节点比例，$\left(\sum_t \frac{t P_t}{\langle t \rangle} z^t \right)^2$ 表示沿着一个三角形到达两个节点且这两个节点通向的三角形组件均未有节点被移除的概率，p^2 表示沿着三角形到达的两个节点都没有被初始移除的概率。

在单纯复形网络中，当节点通过边或三角形连到巨组件时，必须同时满

足两个条件：①该节点至少通过一条边或一个三角形与巨组件相连。②该节点所在的三角形组件中的所有其他节点均未被移除。

定义 x 为随机选择的边到达的节点属于巨组件的概率，y 为随机选择的三角形到达的节点属于巨组件的概率，则 x 表示为

$$x = p \sum_{\substack{s=1, \\ t=0}} \frac{s P_{st}}{\langle s \rangle} \left[1 - (1-x)^{s-1} (1-y)^{2t} \right] z^t, \qquad (5-34)$$

其中，$\langle s \rangle$ 表示网络的平均度，$\dfrac{s P_{st}}{\langle s \rangle}$ 表示沿着一条边到达的节点参与 s 条边和 t 个三角形的概率，该节点的保留概率为 p；$\left[1 - (1-x)^{s-1} (1-y)^{2t} \right] z^t$ 表示该节点通过 $s-1$ 条边和 t 个三角形连接的其他节点中至少有一个属于巨组件，并且与该节点相连的三角形组件中的任何节点都未被移除。

类似地，如果沿着三角形到达的节点属于巨组件，则其 t 个其他三角形和 s 条边中至少有一个连到巨组件，并且沿着与该节点相连的三角形到达的任何三角形组件中没有节点被移除，概率 y 为

$$y = p \sum_{\substack{s=0, \\ t=1}} \frac{t P_{st}}{\langle t \rangle} \left[1 - (1-x)^{s} (1-y)^{2(t-1)} \right] z^{t-1}, \qquad (5-35)$$

其中，$\dfrac{t P_{st}}{\langle t \rangle}$ 表示沿着一条边到达的节点参与 s 条边和 t 个三角形的概率，该节点的保留概率为 p；$\left[1 - (1-x)^{s} (1-y)^{2(t-1)} \right] z^{t-1}$ 表示该节点通过 s 条边和 $t-1$ 个三角形连接的其他节点中至少有一个属于巨组件，并且与该节点相连的三角形组件中的任何节点未被移除。

定义 S 为随机选择的节点属于巨组件的概率，则 S 可表示为

$$S = p \sum_{\substack{s=0, \\ t=0}} p_{st} \left[1 - (1-x)^{s} (1-y)^{2t} \right] z^t, \qquad (5-36)$$

其中，p_{st} 表示随机选择的节点连接 s 条边和 t 个三角形的概率，该节点的保留概率为 p；$\left[1 - (1-x)^{s} (1-y)^{2t} \right] z^t$ 表示该节点通过 s 条边和 t 个三角形连接的其他节点中至少有一个属于巨组件，并且与该节点相连的三角形组件中的任何节点未被移除。

如图 5-8 所示[79]，巨组件大小随移除比例 $1-p$ 的增大而减小，且高密

度的三角形会使单纯复形网络发生双重转变。这是由于三角形密度过高，导致三角形组件在单纯复形网络中占据相当大的比例。当这个三角形组件中的随机节点被移除时，它将导致大量属于该三角形组件的节点被移除。

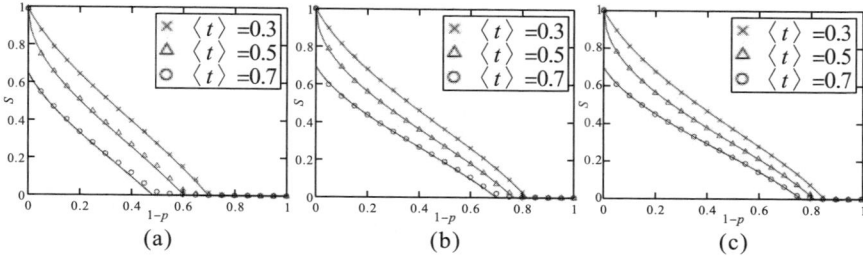

图 5-8　巨组件大小随移除节点比例 $1-p$ 的变化

（a）、（b）和（c）分别显示在 $\langle s \rangle +2 \langle t \rangle =5,8,10$ 的单纯复形中的情况。

Lai 等人提出相互依赖的单纯复形级联失效模型[84]。在该模型中，当节点参与 2-单纯形时，如果该节点失效，在另一层依赖于它的节点将以概率 m 失效，即使该 2-单纯形由其任何成员的失效而遭到破坏。$1-m$ 刻画了 2-单纯形的保护力度。

为了分析网络的鲁棒性，采用点渗流方法。首先定义每一层的度分布分别为 $p_k^A(k, k_\triangle)$ 和 $p_k^B(k, k_\triangle)$，且每个节点都有一个由联合度分布 $\{k_i, k_{\triangle i}\}$ 生成的联合度 $p(k, k_\triangle)$，其中 k_i 是节点 i 的边数，$k_{\triangle i}$ 是节点 i 参与的 2-单纯形（三角形）的数量。联合度分布 $p(k, k_\triangle)$ 表示节点连接到 k 个节点和 $k_\triangle$ 个三角形的概率。假设 $p(k)$ 和 $p(k_\triangle)$ 是相互独立的，则 $p(k, k_\triangle)$ $=p(k) \, p(k_\triangle)$。联合度分布的生成函数定义为

$$
\begin{aligned}
H(x,y) &= \sum_{k,k_\triangle} p(k,k_\triangle) x^k y^{k_\triangle} \\
&= \sum_k p(k) x^k \sum_k p(k_\triangle) y^{k_\triangle}.
\end{aligned} \tag{5-37}
$$

令 $H_p(x, y)$ 和 $H_t(x, y)$ 分别为网络中随机选择的边或随机选择的三角形到达的节点的剩余度分布的生成函数，其数学式表示为

$$
H_p(x,y) = \sum_{k,k_\triangle} \frac{p(k,k_\triangle)k}{\langle k \rangle} x^{k-1} y^{k_\triangle}
$$

$$= \sum_k \frac{p(k)k}{\langle k \rangle} x^{k-1} \sum_{k_\triangle} p(k_\triangle) y^{k_\triangle}, \quad (5-38)$$

$$H_t(x,y) = \sum_{k,k_\triangle} \frac{p(k,k_\triangle)k_\triangle}{\langle k_\triangle \rangle} x^k y^{k_\triangle - 1}$$

$$= \sum_k p(k) x^k \sum_{k_\triangle} \frac{p(k_\triangle)k_\triangle}{\langle k_\triangle \rangle} y^{k_\triangle - 1}, \quad (5-39)$$

其中 $\langle k \rangle$ 代表平均度,$\langle k_\triangle \rangle$ 代表节点参与的 2 - 单纯形的平均数量。

假设不考虑节点通过三角形连接到巨组件的情况,此时 $y=1$。将 $y=1$ 代入方程 (5-37) 和 (5-38),得到度分布和剩余度分布的生成函数

$$H(x,1) = \sum_k p(k) x^k = G_0(x), \quad (5-40)$$

$$H_p(x,1) = \sum_k \frac{p(k)k}{\langle k \rangle} x^{k-1} = G_1(x). \quad (5-41)$$

在相互依赖的单纯复形网络中,当系统在级联失效后达到稳定状态时,随机选择网络 A 中的一条边到达的节点属于网络 A 的巨组件的概率 R^A 为

$$R^A = p(1-q_a)(1-G_1^A(1-R^A))$$
$$+ p q_a (1-G_1^A(1-R^A))(1-G_0^B(1-R^B))$$
$$+ p q_a (1-G_1^A(1-R^A)) G_0^B(1-R^B)$$
$$\cdot (1-p^B(k_\triangle = 0))(1-m). \quad (5-42)$$

在方程 (5-42) 中,q_a 表示网络 A 依赖于网络 B 的耦合强度,右侧的第一项表示随机选择网络 A 中的一条边到达的节点属于巨组件,并且它不依赖于网络 B 中的任何节点;第二项表示随机选择网络 A 中的边到达的节点属于巨组件,并且它在网络 B 中的依赖节点也属于巨组件;第三项表示随机选择网络 A 中的边到达的节点属于巨组件,并且它在网络 B 中的依赖节点已经失效,但失效的节点是初始网络中至少一个 2 - 单纯形的成员。

同样,随机选择网络 B 中的一条边的端点属于巨组件的概率是

$$R^B = (1-G_1^B(1-R^B))[1-q_b + q_b p(1-G_0^A(1-R^A))$$
$$+ q_b(1-p + p G_0^A(1-R^A))$$
$$\cdot (1-p^A(k_\triangle = 0))(1-m)], \quad (5-43)$$

其中,q_b 表示网络 B 依赖于网络 A 的耦合强度。网络 A 中随机选择的节点属

于巨组件的概率是

$$
\begin{aligned}
S^A = {} & p(1 - q_a)(1 - G_0^A(1 - R^A)) \\
& + p q_a(1 - G_0^A(1 - R^A))(1 - G_0^B(1 - R^B)) \\
& + p q_a(1 - G_0^A(1 - R^A)) G_0^B(1 - R^B) \\
& \cdot (1 - p^B(k_\triangle = 0))(1 - m). \quad\quad (5-44)
\end{aligned}
$$

在方程（5-44）中，右侧的第一项表示网络 A 中的节点属于巨组件，并且它不依赖于网络 B 中的任何节点；第二项表示网络 A 中的节点属于巨组件，并且它在网络 B 中的依赖节点也属于巨组件；第三项表示网络 A 中的节点属于巨组件，并且它在网络 B 中的依赖节点已经失效，但失效的节点是初始网络中至少一个 2-单纯形的成员。同样，网络 B 中随机选择的节点属于巨组件的概率是

$$
\begin{aligned}
S^B = {} & (1 - G_0^B(1 - R^B))\big[1 - q_b + q_b p(1 - G_0^A(1 - R^A)) \\
& + q_b(1 - p + p G_0^A(1 - R^A)) \\
& \cdot (1 - p^A(k_\triangle = 0))(1 - m)\big]. \quad\quad (5-45)
\end{aligned}
$$

图 5-9（a）和（b）分别显示网络 A 和 B 的巨组件 S^A 和 S^B 的大小随节点保留概率 p 的变化，其中 $\langle k^A \rangle = \langle k^B \rangle = 4$，$\langle k_\triangle \rangle = 1$，且耦合强度 q_a = 1，q_b = 0.8。由此发现随着 m 的减小，网络 A 和网络 B 均从一阶相变变为二阶。这是由于 2-单纯形的互补效应增加，导致节点更容易存活，使得网络的鲁棒性增强的缘故。图 5-9（c）展示网络 A 中巨组件的平均波动（易感性）随 p 的变化。易感性由公式计算，

$$
\chi = \frac{\langle S^2 \rangle - \langle S \rangle^2}{\langle S \rangle}
$$

其中 S 代表网络 A 在稳定状态下的巨组件大小，$\langle S \rangle$ 和 $\langle S^2 \rangle$ 是 100 个独立级联失效过程的平均值。在 $p = p_c^{II}$ 时，网络 A 的易感性达到其峰值。图 5-9（d）展示迭代次数 NOI 随 p 的变化，并在 $p = p_c^{I}$ 时 NOI 达到其峰值[84]。

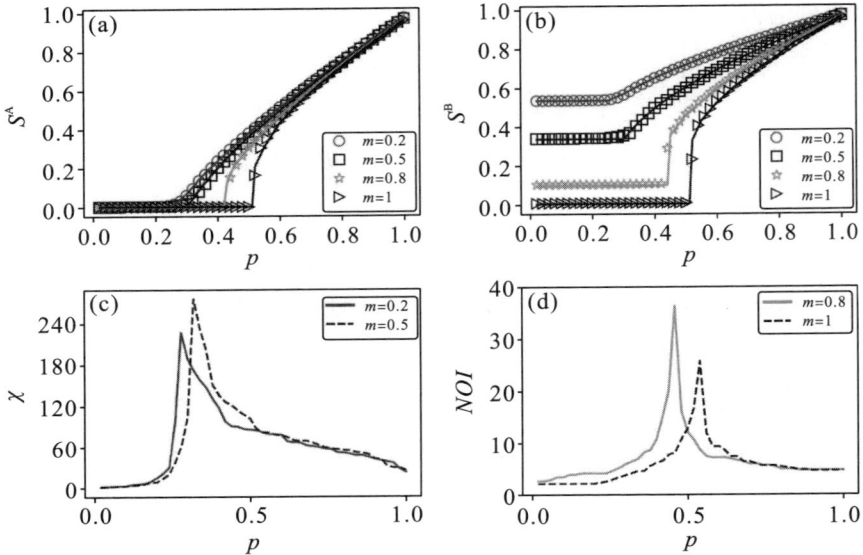

图 5-9　网络巨组件大小 S、易感性 χ 以及迭代次数 NOI 随 p 的变化

目前，对单纯复形鲁棒性的研究主要局限于单层 2-单纯复形和相互依赖的 2-单纯复形，对于更符合现实世界的更高维的高阶交互以及更多层的单纯复形的研究较少。未来可拓展单纯复形网络的维度和层数，研究更高维的高阶交互以及更多层的单纯复形网络的鲁棒性。也可引入不同的攻击策略，这将有助于更全面地研究单纯复形网络的鲁棒性。

5.3.2　超图的鲁棒性

单纯复形在描述多个节点间的交互时，若 k-单纯形属于该单纯复形，其任何维度的子集形成的单纯形也属于该单纯复形，这在某些情况下显得过于严格。超图为多个节点间的交互提供更为灵活的描述方式。超图 H 由节点集 V 和一组超边 E_H 组成，超边表示节点间的交互。超图中节点参与的超边数称为该节点的超度，超边所包含的节点数称为该边的基数。

学者们首先研究了单层超图的鲁棒性[87-94]。Coutinho 等人研究超图中的核渗流，求出具有任意节点度和超边基数分布的随机超图的两种核渗流的解析解[88]。Ma 等人在耦合映射格（Couple map lattice）上研究了 k 均匀超图网络中的级联失效，发现超图网络对随机攻击有较强的鲁棒性，而在目标攻击下较为脆弱[89]。Peng 等人分析了对高或低超度节点进行目标攻击时随机超图网络的鲁棒性，发现目标攻击比随机攻击更有效，高超度节点的移除会显著增加网络的脆弱性[90]。

研究人员进一步探究了多层超图的鲁棒性。Sun 等人研究了随机多重超图中的高阶渗流过程与多重依赖网络的渗流和 k 核渗流之间的关系[95]。Wang 等人提出广义的 k 核渗流模型，研究高阶依赖网络的鲁棒性，发现 k 核渗流阈值和相变类型取决于平均度，增加平均度可以增强系统的鲁棒性，同时层内依赖也增强了系统的鲁棒性[96]。

超图 $H = (V, E_H)$ 可表示为因子图 $G = (V, U, E)$。其中，V 为节点集合，U 为因子节点集合，E 为连边集合。每条连边连接一个节点和一个因子节点。因子图的节点集合 V 对应于超图的节点集合 V，因子节点集合 U 对应于超图中超边的集合 E_H，即每个因子节点对应一条超边。基数为 m 的超边被映射为度为 m 的因子节点。超度分布 $P(k)$ 和超边基数分布 $P(m)$ 分别对应于因子图的节点和因子节点的度分布。图 5-10 展示了超图和因子图的转换[87]。

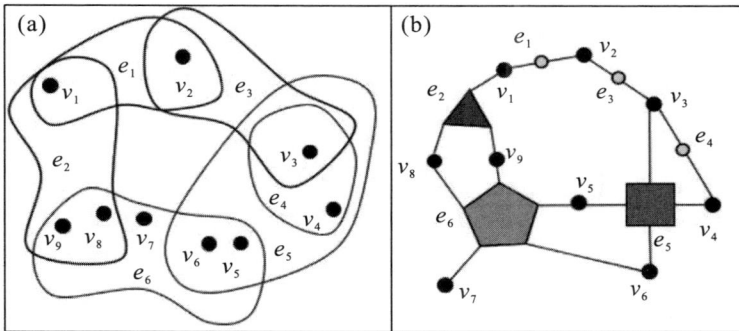

图 5-10　超图转换为因子图示意

（a）超图包括 9 个节点和 6 条超边；（b）超图对应的因子图；黑点表示节点，浅色点、三角形、正方形和五边形分别表示基数为 2，3，4 和 5 的超边。

利用因子图可以简化超图上的渗流理论分析。假设节点可以通过超边连接到巨组件，定义 S' 为从节点出发，沿着一条边到达属于巨组件的因子节点

（超边）的概率；S 为从因子节点（超边）出发，沿着一条边到达属于巨组件的节点的概率[96]，如图 5-11 所示[96]。S' 和 S 的自洽方程为

$$S' = p^{[H]} \sum_m \frac{p(m)m}{\langle m \rangle} [1 - (1-S)^{m-1}],$$

$$S = p^{[N]} \sum_k \frac{p(k)k}{\langle k \rangle} [1 - (1-S')^{k-1}]. \tag{5-46}$$

其中，$p(m)m/\langle m \rangle$ 表示在因子图中随机选择的一条边到达基数为 m 的因子节点的概率，该因子节点的保留概率为 $p^{[H]}$，$[1 - (1-S)^{m-1}]$ 表示该因子节点剩余的 $m-1$ 条边中至少有一条连到巨组件的概率；$\frac{p(k)k}{\langle k \rangle}$ 表示在因子图中随机选择的一条边到达度为 k 的节点的概率，该节点的保留概率为 $p^{[N]}$，$[1 - (1-S')^{k-1}]$ 表示该节点剩余的 $k-1$ 条边中至少有一条连到巨组件的概率。

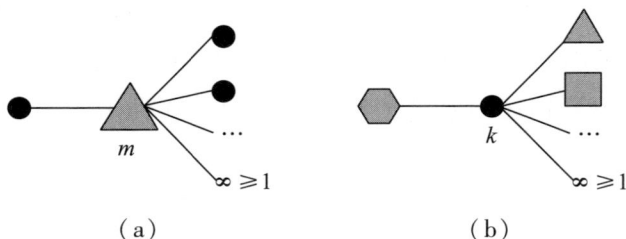

（a）   （b）

图 5-11 S' 和 S 的示意图

（a）表示从节点出发，沿着一条边到达度为 m 的因子节点（超边）属于巨组件的概率 S'；

（b）表示从因子节点（超边）出发，沿着一条边到达巨组件中的节点 k 的概率 S；

圆圈代表节点，三角形、正方形和六边形分别代表基数为 3，4，5 的因子节点

（超边），符号 ∞ 表示巨组件。

在因子图中随机选择的节点属于巨组件的概率 R 以及随机选择的因子节点（超边）属于巨组件的概率 R' 分别表示为

$$R = p^{[N]} \sum_k p(k) [1 - (1-S')^k],$$

$$R' = p^{[H]} \sum_m p(m) [1 - (1-S)^m]. \tag{5-47}$$

其中 $p(k)$ 表示在因子图中随机选择的节点度为 k 的概率，该节点的保留概率

为 $p^{[N]}$，$[1-(1-S')^k]$ 表示度为 k 的节点至少有一条边连到巨组件的概率；$p(m)$ 表示在因子图中随机选择因子节点度为 m 的概率，该因子节点的保留概率为 $p^{[H]}$，$[1-(1-S)^m]$ 表示度为 m 的因子节点至少有一条边连到巨组件的概率。

当 $p^{[H]}=1$（或 $p^{[N]}=1$）时，表示发生节点渗流（或超边渗流），此时只有节点被随机移除（或只有超边被随机移除）。图 5-12 展示超边渗流（$p^{[N]}=1$）时，R 随节点保留概率 $p^{[H]}=p$ 的变化，其中超度分布 $p(k)$ 和超边基数分布 $p(m)$ 均满足泊松分布[96]。随着节点平均超度 $\langle k \rangle$ 或平均超边基数 $\langle m \rangle$ 的增加，渗流阈值 $p_c^{[H]}$ 减小。这说明节点参与的超边数目增多时，它们能够建立更多的连接，增强网络的连通性。同样，超边中包含的节点数增加也意味着节点可以通过这些超边连接到更多的节点，使网络连接更加密集，网络的鲁棒性增强。

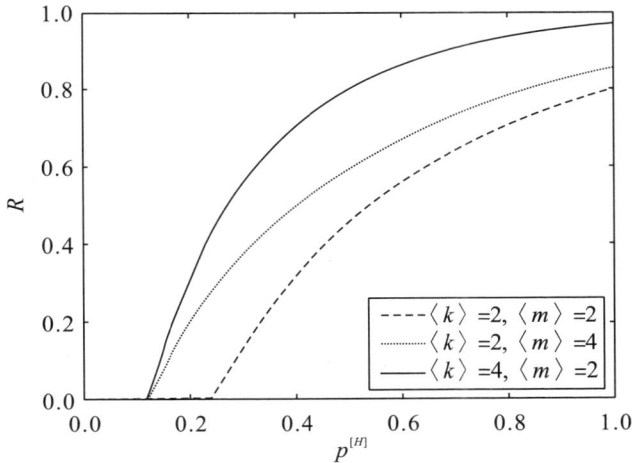

图 5-12　巨组件大小 R 随因子节点保留概率 $p^{[H]}$ 的变化

目前对超图网络的鲁棒性研究主要集中在单层网络，对于结构更为复杂的单层有向超图、多层超图和时序超图鲁棒性的研究较少，需要进一步深入研究。

习题五

1. 判断网络鲁棒性的关键参量有哪些？各自代表什么意义？

2. 如何利用单层网络的鲁棒性分析思路，分析多层网络的鲁棒性？

3. 现有的高阶网络鲁棒性主要针对单纯复形与超图，反映节点间集群交互的特性。若考虑网络节点间的时序交互这一高阶特性，应当从哪些角度探讨网络的鲁棒性？

参考文献

[1] Strona G, Lafferty K. Environmental change makes robust ecological networks fragile [J]. Nature Communications, 2016, 7 (1): 12462.

[2] Gao J, Buldyrev S V, Havlin S, et al. Networks formed from interdependent networks [J]. Nature physics, 2012, 8 (1): 40-48.

[3] Li M, Liu R R, Lü L, et al. Percolation on complex networks: Theory and application [J]. Physics Reports, 2021, 907: 1-68.

[4] 刘润然，李明，吕琳媛，等. 网络渗流 [M]. 北京：高等教育出版社，2020.

[5] Xie J, Meng F, Sun J. Detecting and modelling real percolation and phase transitions of information on social media [J]. Nature Human Behavior, 2021, 5 (9): 1161-1168.

[6] Newman M E J, Watts D J. Scaling and percolation in the small-world network model [J]. Physical Review E, 1999, 60 (6): 7332-7342.

[7] Hackett A, Cellai D, Gómez S, et al. Bond percolation on multiplex networks [J]. Physical Review X, 2016, 6 (2): 021002.

[8] Liu R R, Eisenberg D A, Seager T P, et al. The "weak" interdependence of infrastructure systems produces mixed percolation transitions in multilayer networks [J]. Scientific Reports, 2018, 8 (1): 2111.

[9] Kadović A, Krause S M, Caldarelli G, et al. Bond and site color-avoiding percolation in scale-free networks [J]. Physical Review E, 2018, 98 (6): 062308.

［10］ Dorogovtsev S N, Goltsev A V, Mendes J F F. K-core organization of complex networks ［J］. Physical Review Letters, 2006, 96 (4): 040601.

［11］ Pittel B, Spencer J, Wormald N. Sudden emergence of a giant k-core in a random graph ［J］. Journal of Combinatorial Theory, Series B, 1996, 67 (1): 111 − 151.

［12］ Seidman S B. Network structure and minimum degree ［J］. Social Networks, 1983, 5 (3): 269 − 287.

［13］ Shang Y. Generalized k-core percolation in networks with community structure ［J］. SIAM Journal on Applied Mathematics, 2020, 80 (3): 1272 − 1289.

［14］ Goltsev A V, Dorogovtsev S N, Mendes J F F. k-core (bootstrap) percolation on complex networks: Critical phenomena and nonlocal effects ［J］. Physical Review E, 2006, 73 (5): 056101.

［15］ Azimi-Tafreshi N, Gómez-Gardenes J, Dorogovtsev S N. k-core percolation on multiplex networks ［J］. Physical Review E, 2014, 90 (3): 032816.

［16］ Zhang L Y, Ren J L. Percolation theory, method, progress, and existing problems ［J］. Chinese Journal of Nature, 2019, 41 (2): 119 − 131.

［17］ Zhukov D, Khvatova T, Lesko S, et al. Managing social networks: Applying the percolation theory methodology to understand individuals´attitudes and moods ［J］. Technological Forecasting and Social Change, 2018, 129: 297 − 307.

［18］ Fan C, Cai T, Gai Z, et al. The relationship between the migrant population's migration network and the risk of COVID − 19 transmission in China—empirical analysis and prediction in prefecture-level cities ［J］. International Journal of Environmental Research and Public Health, 2020, 17 (8): 2630.

［19］ Kesten H. Percolation theory for mathematicians ［M］. Boston: Birkhauser, 1982.

［20］ Zhang Y. A note on inhomogeneous percolation ［J］. The Annals of Probability, 1994, 803 − 819.

［21］ Grimmett G R, Manolescu I. Inhomogeneous bond percolation on square, triangular and hexagonal lattices ［J］. The Annals of Probability, 2013, 41 (4): 2990 − 3025.

［22］ Ren J, Zhang L, Siegmund S. How inhomogeneous site percolation works on Bethe lattices: theory and application ［J］. Scientific Reports, 2016, 6 (1): 22420.

［23］ Ren J, Zhang L. Inhomogeneous site percolation on an irregular bethe lattice with random site distribution ［J］. Journal of Statistical Physics, 2017, 168: 394 – 407.

［24］ De Domenico M, Solé-Ribalta A, Cozzo E, et al. Mathematical formulation of multilayer networks ［J］. Physical Review X, 2013, 3 (4): 041022.

［25］ Kivelä M, Arenas A, Barthelemy M, et al. Multilayer networks. Journal of Complex Networks ［J］, 2014, 2 (3): 203 – 271.

［26］ Bianconi G. Multilayer networks struction and function ［M］. Oxford University Press, Oxford, 2018.

［27］ 吴宗柠, 狄增如, 樊瑛. 多层网络的结构与功能研究进展 ［J］. 电子科技大学学报, 2021, 50 (1): 106 – 120.

［28］ De Domenico M. More is different in real-world multilayer networks ［J］. Nature Physics, 2023, 19: 1247 – 1262.

［29］ Buldyrev S V, Parshani R, Paul G, et al. Catastrophic cascade of failures in interdependent networks ［J］. Nature, 2010, 464 (7291): 1025 – 1028.

［30］ Yang Y, Nishikawa T, Motter A E. Small vulnerable sets determine large network cascades in power grids ［J］. Science, 2017, 358: eaan3184.

［31］ Gross B, Sanhedrai H, Shekhtman L, et al. Interconnections between networks acting like an external field in a first-order percolation transition ［J］. Physical Review E, 2020, 101 (2): 022316.

［32］ 贾春晓, 李明, 刘润然. 多层复杂网络上的渗流与级联失效动力学 ［J］. 电子科技大学学报, 2022, 51 (1): 148 – 160.

［33］ 王建伟, 蒋晨, 孙恩慧. 耦合网络边相继故障模型研究 ［J］. 管理科学, 2014, 27: 132 – 142.

［34］ Parshani R, Buldyrev S V, Havlin S. Interdependent networks: Reducing the coupling strength leads to a change from a first to second order percolation transition ［J］. Physical Review Letters, 2010, 105 (4): 048701.

［35］ Liu X, Stanley H E, Gao J. Breakdown of interdependent directed networks ［J］. Proceedings of the National Academy of Sciences, 2016, 113 (5): 1138 – 1143.

［36］ Baxter G J, Dorogovtsev S N, Goltsev A V, et al. Avalanche collapse of interdependent networks [J]. Physical Review Letters, 2012, 109 (24): 248701.

[37] Panduranga N K, Gao J, Yuan X, et al. Generalized model for k-core percolation and interdependent networks [J]. Physical Review E, 2017, 96 (3): 032317.

[38] Artime O, Grassia M, De Domenico M, et al. Robustness and resilience of complex networks [J]. Nature Reviews Physics, 2024: 1 – 18.

[39] Gao J, Buldyrev S V, Stanley H E, et al. Percolation of a general network of networks [J]. Physical Review E, 2013, 88 (6): 062816.

[40] Zheng K, Liu Y, Gong J, et al. Robustness of circularly interdependent networks [J]. Chaos, Solitons & Fractals, 2022, 157: 111934.

[41] Gao J, Liu X, Li D, et al. Recent progress on the resilience of complex networks [J]. Energies, 2015, 8 (10): 12187 – 12210.

[42] Mahabadi Z, Varga L, Dolan T. Network properties for robust multilayer infrastructure systems: A percolation theory review [J]. IEEE Access, 2021, 9: 135755 – 135773.

[43] Huang X, Gao J, Buldyrev S V, et al. Robustness of interdependent networks under targeted attack [J]. Physical Review E, 2011, 83 (6): 065101.

[44] 刘润然, 贾春晓, 章剑林, 等. 相依网络在不同攻击策略下的鲁棒性 [J]. 上海理工大学学报, 2012, (3): 235 – 239.

[45] Lv M, Pan L, Liu X. Cascading failures in interdependent directed networks under localized attacks [J]. Physica A: Statistical Mechanics and its Applications, 2023, 620: 128761.

[46] Shao S, Huang X, Stanley H E, et al. Percolation of localized attack on complex networks [J]. New Journal of Physics, 2015, 17 (2): 023049.

[47] X. Yuan, Y. Dai, H. E. Stanley, S. Havlin. k-core percolation on complex networks: Comparing random, localized, and targeted attacks [J]. Physical Review E, 2016, 93 (6): 062302.

[48] Artime O, De Domenico M. Percolation on feature-enriched interconnected systems [J]. Nature Communications, 2021, 12 (1): 2478.

[49] Liu Y, Zhao C, Yi D, et al. Robustness of partially interdependent networks under combined attack [J]. Chaos: An Interdisciplinary Journal of Nonlinear Science, 2019,

29（2）：021101.

［50］ Shang Y. Percolation of interdependent networks with limited knowledge ［J］. Physical Review E, 2022, 105（4）：044305.

［51］ 蒋文君，刘润然，范天龙，等. 多层网络级联失效的预防和恢复策略概述［J］. 物理学报, 2020, 69（8）：088904.

［52］ 王哲，李建华，康东，等. 复杂网络鲁棒性增强策略研究综述［J］. 复杂系统与复杂性科学, 2020, 17（3）：1-26, 46.

［53］ Feng L, Monterola C P, Hu Y. The simplified self-consistent probabilities method for percolation and its application to interdependent networks ［J］. New Journal of Physics, 2015, 17（6）：063025.

［54］ Liu X, Pan L, Stanley H E, et al. Multiple phase transitions in networks of directed networks ［J］. Physical Review E, 2019, 99（1）：012312.

［55］ 陈世明，吕辉，徐青刚，等. 基于度的正/负相关相依网络模型及其鲁棒性研究 ［J］. 物理学报, 2015（4）：048902.

［56］ Liu R R, Li M, Jia C X. Cascading failures in coupled networks：The critical role of node-coupling strength across networks ［J］. Scientific Reports, 2016, 6（1）：1-6.

［57］ 韩伟涛，伊鹏，马海龙，等. 异质弱相依网络鲁棒性研究［J］. 物理学报, 2019, 68（18）：186401.

［58］ Qiang Y, Liu X, Pan L. Robustness of Interdependent Networks with Weak Dependency Based on Bond Percolation ［J］. Entropy, 2022, 24（12）：1801.

［59］ Shao J, Buldyrev S V, Havlin S, et al. Cascade of failures in coupled network systems with multiple support-dependence relations ［J］. Physical Review E, 2011, 83（3）：036116.

［60］ Gao J, Buldyrev S V, Havlin S, et al. Robustness of a network of networks ［J］. Physical Review Letters, 2011, 107（19）：195701.

［61］ Chen S, Gao Y, Liu X, et al. Robustness of interdependent networks based on bond percolation ［J］. Europhysics Letters, 2020, 130（3）：38003.

［62］ Dong G, Luo Y, Liu Y, et al. Percolation behaviors of a network of networks under intentional attack with limited information ［J］. Chaos, Solitons & Fractals, 2022,

159: 112147.

[63] Leicht E A, D Souza R M. Percolation on interacting networks [J]. arXiv preprint, 2009, arxiv: 0907.0894.

[64] De Domenico M, Solé-Ribalta A, Gómez S, et al. Navigability of interconnected networks under random failures [J]. Proceedings of The National Academy of Sciences, 2014, 111 (23): 8351 − 8356.

[65] Buldyrev S V, Shere N W, Cwilich G A. Interdependent networks with identical degrees of mutually dependent nodes [J]. Physical Review E, 2011, 83 (1): 016112.

[66] Parshani R, Rozenblat C, Ietri D, et al. Inter-similarity between coupled networks [J]. Europhysics Letters, 2011, 92 (6): 68002.

[67] Hu Y, Ksherim B, Cohen R, et al. Percolation in interdependent and interconnected networks: Abrupt change from second-to first-order transitions [J]. Physical Review E, 2011, 84 (6): 066116.

[68] Zheng K, Liu Y, Wang Y, et al. k-core percolation on interdependent and interconnected multiplex networks [J]. Europhysics Letters, 2021, 133 (4): 48003.

[69] Battiston F, Cencetti G, Iacopini I, et al. Networks beyond pairwise interactions: Structure and dynamics [J]. Physics Reports, 2020, 874: 1 − 92.

[70] Benson A R, Gleich D F, Leskovec J. Higher-order organization of complex networks [J]. Science, 2016, 353 (6295): 163 − 166.

[71] Petri G, Expert P, Turkheimer F, et al. Homological scaffolds of brain functional networks [J]. Journal of The Royal Society Interface, 2014, 11 (101): 20140873.

[72] Sizemore A E, Giusti C, Kahn A, et al. Cliques and cavities in the human connectome [J]. Journal of Computational Neuroscience, 2018, 44: 115 − 145.

[73] Grilli J, Barabás G, Michalska-Smith M J, et al. Higher-order interactions stabilize dynamics in competitive network models [J]. Nature, 2017, 548 (7666): 210 − 213.

[74] Sanchez-Gorostiaga A, Bajić D, Osborne M L, et al. High-order interactions distort the functional landscape of microbial consortia [J]. PLoS Biology, 2019, 17 (12): e3000550.

[75] Alvarez-Rodriguez U, Battiston F, de Arruda G F, et al. Evolutionary dynamics of

higher-order interactions in social networks [J]. Nature Human Behaviour, 2021, 5 (5): 586 – 595.

[76] Wang Z, Zhou D, Hu Y. Group percolation in interdependent networks [J]. Physical Review E, 2018, 97 (3): 032306.

[77] 韩伟涛, 伊鹏. 相依网络的条件依赖群逾渗 [J] 物理学报, 2019, 68 (7): 296 – 302.

[78] 潘倩倩, 刘润然, 贾春晓. 具有弱依赖组的复杂网络上的级联失效 [J]. 物理学报, 2022, 71 (11): 026106.

[79] Zhao D, Li R, Peng H, et al. Higher-order percolation in simplicial complexes [J]. Chaos, Solitons & Fractals, 2022, 155: 111701.

[80] Zhao D, Li R, Peng H, et al. Percolation on simplicial complexes. Applied Mathematics and Computation, 2022, 431: 127330.

[81] Zhao D, Ling X, Zhang X, et al. Robustness of directed higher-order networks [J]. Chaos: An Interdisciplinary Journal of Nonlinear Science, 2023, 33 (8): 083106.

[82] Bianconi G, Ziff R M. Topological percolation on hyperbolic simplicial complexes [J]. Physical Review E, 2018, 98 (5): 052308.

[83] Peng H, Zhao Y, Zhao D, et al. Robustness of higher-order interdependent networks [J]. Chaos, Solitons & Fractals, 2023, 171: 113485.

[84] Lai Y, Liu Y, Zheng K, et al. Robustness of interdependent higher-order networks [J]. Chaos: An Interdisciplinary Journal of Nonlinear Science, 2023, 33 (7): 073121.

[85] Iacopini I, Petri G, Barrat A, et al. Simplicial models of social contagion [J]. Nature Communications, 2019, 10: 2485.

[86] Battiston F, Amico E, Barrat A, et al. The physics of higher-order interactions in complex systems [J]. Nature Physics, 2021, 17 (10): 1093 – 1098.

[87] Peng H, Qian C, Zhao D, et al. Disintegrate hypergraph networks by attacking hyperedge [J]. Journal of King Saud University-Computer and Information Sciences, 2022, 34 (7): 4679 – 4685.

[88] Coutinho B C, Wu A K, Zhou H J, et al. Covering problems and core percolations on

hypergraphs ［J］. Physical Review Letters, 2020, 124（24）: 248301.

［89］ Ma X, Ma F, Yin J, et al. Cascading failures of k uniform hyper-network based on the hyper adjacent matrix ［J］. Physica A: Statistical Mechanics and its Applications, 2018, 510: 281 − 289.

［90］ Peng H, Qian C, Zhao D, et al. Targeting attack hypergraph networks ［J］. Chaos: An Interdisciplinary Journal of Nonlinear Science, 2022, 32（7）: 073121.

［91］ Peng H, Qian C, Zhao D, et al. Message passing approach to analyze the robustness of hypergraph ［J］. arXiv preprint, 2023, arxiv: 2302.14594.

［92］ Lee J, Goh K I, Lee D S, et al. （k, q）-core decomposition of hypergraphs ［J］. Chaos, Solitons & Fractals, 2023, 173: 113645.

［93］ Bianconi G, Dorogovtsev S N. The theory of percolation on hypergraphs. Physical Review E, 2024, 109（1）: 014306.

［94］ Liu R R, Jia C X, Li M, et al. A threshold model of cascading failure on random hypergraphs ［J］. Chaos, Solitons & Fractals, 2023, 173: 113746.

［95］ Sun H, Bianconi G. Higher-order percolation processes on multiplex hypergraphs ［J］. Physical Review E, 2021, 104（3）: 034306.

［96］ Wang W, Li W, Lin T, et al. Generalized k-core percolation on higher-order dependent networks ［J］. Applied Mathematics and Computation, 2022, 420: 126793.

第 6 章

复杂网络的同步

网络同步是网络中节点的运动轨迹随着时间演化逐步达到一致的一种现象。同步过程在我们的日常生活中随处可见，例如，课堂上学生异口同声地回答老师的问题，音乐会上听众不由自主地拍打着相同的节拍，一群大雁以相同的频率挥动翅膀，等等。这些现象表明网络中的个体间具有很强的关联性。早在 1665 年，荷兰物理学家惠更斯卧病在床期间就发现挂在同一根横梁上的两个钟摆，通过横梁的相互作用，在一段时间后会出现同步摆动的现象[1]。多体系统中的同步现象也十分常见[2,3]。例如在 1680 年荷兰旅行家肯普弗发现萤火虫同步闪光[4]；青蛙齐鸣、心肌细胞和大脑神经网络的协调波动[5-7]、剧场中观众的掌声趋于一致[8]等，都是多体系统中同步现象的典型例子。最初，关于同步现象的解释千奇百怪且缺乏科学依据，直至 1968 年 Buck 通过实验证明，萤火虫的发光频率会受到周围其他萤火虫发光频率的影响[9]。自此开创了网络同步研究的先河，对自组织同步现象的研究也逐渐步入正轨。在 20 世纪 90 年代，混沌同步现象的研究取得了极大的进展。学者们相继提出了广义同步[10]、滞后同步[11]、牵制同步[12]、固定时间同步[13]和自适应同步[14]等同步类型。

研究复杂网络同步有助于人们理解自然界、工程技术及社会系统中的同步现象。目前，关于复杂网络同步的研究主要集中在两个方面[15,16]：一是研究网络自身属性，通过改变网络的拓扑结构或利用耦合作用实现网络同步[15,17]；二是通过网络控制实现系统同步[18,19]。近年来，通过学者对复杂网络性质的研究，发现网络的拓扑结构对实现系统同步有着关键性作用。例如，Wang 等人的工作表明，尽管具备特定耦合强度和足够的节点数量的最近邻耦合网络可能未能达成同步，但通过对网络随机增加少数几个连接，形成所谓的小世界网络，可以促进网络内的同步现象[20]；Pecora 等人研究了网络结构中对称性与同步之间的相互关系，发现部分同步模式直接受网络拓扑的对称性影响，而簇同步模式的显现主要取决于相应解的稳定性[21]。

当网络拓扑结构的改变以及耦合强度的调整均无法实现同步时，就需要寻求适当的控制协议。现有许多针对非线性网络的控制方法通常采用开环控制方式，即通过选择特定节点子集，并施加预定义的控制信号或参数扰动来将系统从其初始状态引导至目标状态。Yan 等人对线性系统模型进行了无状态反馈开环控制研究[22]。然而，建立具有鲁棒性的通用开环控制框架并非易事。闭环控制协议为复杂网络的同步提供了一个重要的替代选择。Pyragas 将延迟反馈纳入系统方程中，提出了闭环控制方法[23,24]。通过这种控制方案，无需实时监测和分析系统，这极大地方便了实验的实施。该控制协议表现出对噪声的稳健性，但实现同步所需的时间却可能会不受限。此外，网络同步还受到振子的参数以及振子本身的动力学等因素的影响[25]。如 Wang 等人研究了系统中振子参数不相同时的同步情况，发现只有当系统中对称的节点参数相同时，才会产生部分同步[26]。

同步在生物学、气候学、社会学、工程技术甚至艺术等不同领域发挥着非常重要的作用[27,28,29]。在人类社会中，大多数同步现象可以促进社会的和谐稳定发展，如网络信息的同步可以使我们更好地分享世界信息，促进保密通信、语言涌现及其发展等。而同步性的缺乏会导致无意识的紧张，因为成员们"不同步"，无法确定目标，也无法努力实现目标[30]。同时也存在一些有害的同步。例如 2000 年伦敦千禧桥在第一次开放时，由于行人的脚步和桥梁固有频率一致，致使桥梁摇晃严重；人们在同一时间上网或者出行，可能会导致网络卡顿和交通拥堵。对于这些有害的同步，需要采取有效的措施来抑制同步。研究复杂网络的同步可以帮助人们更好地了解现实世界中的复杂系统，在为设计性能良好的网络提供理论依据的同时，也可以将研究成果应用于现实生活[31,32]，使人们趋利避害，提高网络的有利同步，抑制网络的有害同步。本章将主要介绍同步的定义、判定方法、同步模型以及关于同步研究的一些最新进展。

6.1 同步的基本概念

6.1.1 同步的定义

网络同步的种类有很多，常见的网络同步有恒等同步[33]、相位同步[33,34]、广义同步[10]等，此外还有指数同步[35,36]、渐进同步[37]、有限时间同步[38,39]、固定时间同步[13,40,41]、滞后同步[11,42,43]、完全同步[44,45]等。下面我们将介绍几种常用的同步定义。

定义 6.1[33] 假设 $x_i(t, \boldsymbol{X}_0)$ $(i=1, 2, \cdots, N)$ 是复杂动力网络

$$\dot{x}_i = F(x_i) + G_i(x_1, x_2, \cdots, x_N), \ i=1, 2, \cdots, N \qquad (6-1)$$

的一个解，其中 $\boldsymbol{X}_0 = ((x_1^0)^{\mathrm{T}}, (x_2^0)^{\mathrm{T}}, \cdots, (x_1^0)^{\mathrm{T}})^{\mathrm{T}} \in \boldsymbol{R}^{nN}$，$F: \boldsymbol{D} \to \boldsymbol{R}^n$，$G_i: \boldsymbol{D} \times \cdots \times \boldsymbol{D} \to \boldsymbol{R}^n$ $(i=1, 2, \cdots, N)$，且三者都是连续可微的，$\boldsymbol{D} \subseteq \boldsymbol{R}^n$，且满足 $G(x_1, x_2, \cdots, x_n) = 0$。如果存在一个非空开集 $\boldsymbol{E} \subseteq \boldsymbol{D}$，使得对于任意 $x_i^0 \in \boldsymbol{E}$ $(i=1, 2, \cdots, N)$ 和 $t \geqslant 0$，$i=1, 2, \cdots, N$，有

$$x_i(t, \boldsymbol{X}_0) \in \boldsymbol{D}$$

且

$$\lim_{t \to \infty} \left| \left| x_i(t, \boldsymbol{X}_0) - s(t, x_0) \right| \right|_2 = 0, \ i = 1, 2, \cdots, N, \qquad (6-2)$$

其中 $s(t, x_0)$ 是系统 $\dot{x} = F(x)$ 的一个解且有 $x_0 \in \boldsymbol{D}$，则复杂动力网络（6-1）能够实现恒等同步，且 $\boldsymbol{E} \times \cdots \times \boldsymbol{E}$ 称为复杂动力网络（6-1）的同步区域。

恒等同步是网络同步中最常见的一种类型。在恒等同步下，网络中的节点都趋近于相同的状态，即 $s(t, x_0)$ 是网络的同步状态（synchronized state），而 $x_1 = x_2 = \cdots = x_N$ 是网络状态空间中的同步流形（synchronization manifold）。

定义 6.2 如果两个耦合节点的相位 φ_1 和 φ_2 以一定的比率 $n:m$（n 和 m 均为整数）锁定，即 $|n\varphi_1 - m\varphi_2| \leqslant \varepsilon$（$\varepsilon > 0$，是一个很小的常数且在理想情况下为 0），则称两个耦合节点能够实现相位同步。

相位同步是一种相对较弱的同步现象。当网络发生相位同步时，节点的相位一致，但它们之间的幅值可能相差悬殊。Kuramoto 模型是研究网络相位同步的一个代表性模型，在后续章节中将进行详细的介绍。

定义 6.3　对于两个全同的耦合振子，不管它们之间以何种方式相互作用，只要最后这两个振子的行为完全一致，就称这两个振子达到完全同步。

定义 6.4　对于两个相互作用的振子系统，满足表达式

$$\dot{x}_1 = F_1(x_1, x_2), \dot{x}_2 = F_2(x_1, x_2), \qquad (6-3)$$

其中 $x_{1,2} = (x_{1,2}^1, x_{1,2}^2, \cdots, x_{1,2}^n)$。如果两个系统之间满足

$$x_1(t + \tau_0) = x_2(t), \qquad (6-4)$$

则这两个系统间存在滞后同步关系，其中 τ_0 为滞后时间。

定义 6.5　考虑一个单向耦合的系统

$$\dot{x} = F(x), \dot{y} = G(y, h(x)), \qquad (6-5)$$

其中 $x = (x_1, x_2, \cdots, x_n)$，$y = (y_1, y_2, \cdots, y_m)$。若它们之间满足

$$y(t) = \Psi(x(t)), \qquad (6-6)$$

则称它们之间存在广义同步关系。

6.1.2　同步的判定方法

本小节介绍三种常见的复杂网络同步的判断方法：主稳定函数方法、李雅普诺夫（Lyapunov）函数方法及连接图稳定性方法。

6.1.2.1　主稳定函数

主稳定函数（Master stability function，MSF）是判定网络是否同步最常见的方法之一。Barahona 和 Pecora 开创性地利用该方法分析小世界网络中的同步稳定性问题[46]，开启了关于该方法的研究。MSF 框架早先是为研究规则或其他简单网络上具有相同振荡器的同步而开发的[47,48]。该框架扩展到复杂拓扑结构可以将完全同步状态的稳定性与底层结构的频谱特性联系起来，为表征全局同步状态的稳定性提供了一个客观标准。设

$$\dot{x}_i = F(x_i) + \sum_{j=1}^{N} c_{ij} A x_j, \ i = 1, 2, \cdots, N \qquad (6-7)$$

为一个时不变复杂动力网络，其中 $\dot{x}_i = F(x_i)$ 是网络节点 i 的动力学方程，$x_i = (x_{i1}, x_{i2}, \cdots, x_{in})^T \in \mathbf{R}^n$ 是网络节点 i 的状态变量，$A = (a_{ij})_{n \times n} \in \mathbf{R}^{n \times n}$ 是网络的内部耦合矩阵，$C = (c_{ij})_{N \times N}$ 是网络的耦合框架矩阵且行和为零。

假设 $c_{ij} = c \bar{c}_{ij}$（$\bar{c}_{ij} = 0$ 或 1），对时不变复杂动力网络（6-7）在同步解 $s(t)$ 上进行线性化，则可以得到变分方程

$$\dot{\delta}_i = DF(s)\delta_i + c\sum_{j=1}^{N} \bar{c}_{ij} A \delta_j, \quad i = 1, 2, \cdots, N, \qquad (6-8)$$

其中 $DF(s)$ 是 $F(x)$ 的 Jacobi 矩阵在 $x = s(t)$ 处的取值。

令 $\bar{C}^T = P\text{diag}\{\alpha_1, \alpha_2, \cdots, \alpha_N\} P^{-1}$，$\hat{\delta} = [\hat{\delta}_1, \hat{\delta}_2, \cdots, \hat{\delta}_N] = [\delta_1, \delta_2, \cdots, \delta_N]P$，则变分方程（6-8）转换为

$$\dot{\hat{\delta}}_i = [DF(s) + c\alpha_i A]\hat{\delta}_i, \quad i = 2, 3, \cdots, N. \qquad (6-9)$$

当式（6-9）的横截李雅普诺夫指数全部为负值时，网络的同步流形稳定，但该条件并不严格充分[32,46,47]。由于外部耦合框架 C 的特征值可能为复数，则网络（6-7）的主稳定方程定义为

$$\dot{y} = [DF(s) + c(\beta + i\gamma)A]y, \qquad (6-10)$$

其最大李雅普诺夫指数 $L_{\max}$ 是实变量 β 和 γ 的函数，称为时不变复杂动力网络（6-7）的主稳定函数。

对于给定的耦合强度 c 和任一固定的 i（$i = 1, 2, \cdots, N$），在 (β, γ) 复平面上都可以找到一个相对应的固定点 $c\alpha_i$，该点所对应的 $L_{\max}$ 的"+"代表了该特征模态的不稳定性，相反"-"则表示该特征模态的稳定性。如果所有的特征模态都是稳定的，在该耦合强度下整个网络的同步流形是渐近稳定的。值得注意的是，上述方法采用的是线性化方法，因此主稳定矩阵方法的结果都是局部的。

6.1.2.2 李雅普诺夫函数方法

考虑 N 个相同节点构成的网络

$$\dot{x} = F(x, t) - (L(t) \otimes H(t))x + u(t), \qquad (6-11)$$

其中 $F(x,t) = (f(x_1,t), f(x_2,t), \cdots, f(x_N,t))^{\mathrm{T}}$, $x = (x_1^{\mathrm{T}}, x_2^{\mathrm{T}}, \cdots, x_N^{\mathrm{T}})^{\mathrm{T}}$, $u = (u_1^{\mathrm{T}}, u_2^{\mathrm{T}}, \cdots, u_N^{\mathrm{T}})$。$L(t) \in \mathbf{R}^{N \times N}$ 为 t 时刻网络对应的拉普拉斯矩阵，$H(t) \in \mathbf{R}^{N \times N}$ 为 t 时刻的线性内连耦合矩阵。当 $u(t) = 0$ 时，式（6-11）表示仅具有耦合作用；当 $u(t) \neq 0$ 时，表示具有外加控制器作用。

假设 6.1 $Y(t)$ 为 $n \times n$ 阶的实变矩阵，$W \in \mathbf{R}^{n \times n}$ 为对称正定矩阵，

$$(y-z)^{\mathrm{T}} W [f(y,t) + Y(t)y - f(z,t) - Y(t)z] \leqslant -c \| y - z \|^2$$

$$(6-12)$$

对某个正常数 c 成立。这时称 $f(x,t) + Y(t)x$ 是相对 W 一致递减的。用 W_s 表示行和为零、非对角元素小于等于零的不可约的实对称方阵。由如下定理，可对网络的同步性能进行判定。

定理 6.1 在假设 6.1 成立下，如果以下两个条件同时满足

（1）对任意的 i, j, $\lim\limits_{t \to \infty} \| u_i - u_j \| = 0$,

（2）存在 $N \times N$ 阶矩阵 $U \in W$, 使得 $(U \otimes W)(L(t) \otimes (-H(t)) - I_n \otimes Y(t)) \leqslant 0$ 成立,

则网络（6-11）是全局完全同步的。

6.1.2.3 连接图稳定性方法

连接图稳定性方法是由俄罗斯学者 Belykh 提出的一种网络同步判定方法[49]，该方法不仅适用于常数耦合的网络，还适用于时变耦合网络。

考虑一个具有时变特性耦合网络

$$\dot{x}_i(t) = f(x_i) + \sum_{j=1}^{N} \varepsilon_{ij}(t) P x_j, \quad i = 1, 2, \cdots, N. \qquad (6-13)$$

其中，$x_i = (x_i^1, x_i^2, \cdots, x_i^d)$ 为第 i 个节点的 d-维状态变量。矩阵 $P \in \mathbf{R}^{d \times d}$ 决定了哪些变量耦合了振荡器。一般地取 $P = \mathrm{diag}(p_1, p_2, \cdots, p_d)$。当 $h = 1, 2, \cdots, s$ 时，$P_h = 1$; 当 $h = s+1, \cdots, d$ 时，$P_h = 0$。考虑耦合系统中的任意一个网络，用加权图 $G = (\nu, \gamma, \varepsilon(t))$ 来表示，其中，节点集为 $\nu = \{1, 2, \cdots, N\}$，边集为 γ，边的权重为 $\varepsilon: \gamma \to \mathbf{R}$。$\varepsilon_{ij}$ 刻画了节点 j 到节点 i 的连接及其耦合强度。当且仅当 $\varepsilon_{ij}(t) > 0$ 时，存在节点 j 到 i 的一条边，并且

有 $\varepsilon_{ii} = -\sum\limits_{j=1,i\neq j}^{N} \varepsilon_{ij}$ $(i=1, 2, \cdots, N)$。

引入差分变量 $X_{ij} = x_j - x_i$ $(i, j = 1, 2, \cdots, N)$，可得

$$\dot{X}_{ij} = f(x_j) - f(x_i) + \sum_{k=1}^{N} (\varepsilon_{jk} \boldsymbol{P} X_{jk} - \varepsilon_{ik} \boldsymbol{P} X_{ik}), \quad i,j = 1,2,\cdots,N.$$

$$(6-14)$$

由 $f(x_j) - f(x_i) = [\int_0^1 \boldsymbol{D}f (\beta x_j + (1-\beta) x_i) \, \mathrm{d}\beta] X_{ij}$ 构造辅助系统

$$\dot{X}_{ij} = \left[\int_0^1 \boldsymbol{D}f(\beta x_j + (1-\beta)x_i)\mathrm{d}\beta - \boldsymbol{A}\right]X_{ij}, \quad i,j = 1,2,\cdots,N \quad (6-15)$$

其中 $\boldsymbol{A} = \mathrm{diag}\,(a_1, a_n, \cdots, a_n)$ 是两个耦合节点 i, j 同步的耦合强度矩阵，当 $h=1, \cdots, s$ 时，$a_h \geqslant 0$；当 $h = s+1, \cdots, n$ 时，$a_h = 0$。矩阵 $\boldsymbol{P}$ 的结构完全取决于矩阵 $\boldsymbol{A}$ 的结构。

假设 6.2 假设存在 $\boldsymbol{W}_{ij} = \boldsymbol{X}_{ij}^{\mathrm{T}} \boldsymbol{H} \boldsymbol{X}_{ij}/2$ $(i, j = 1, 2, \cdots, N)$，其中 $\boldsymbol{H} = \mathrm{diag}\,(h_1, h_2, \cdots, h_s, \boldsymbol{H}_1)$，$h_i$ $(i = 1, 2, \cdots, s)$ 为正常数，且 $\boldsymbol{H}_1$ 为正定矩阵，其在辅助系统 (6-15) 下的全导数满足

$$\dot{\boldsymbol{W}}_{ij} = \boldsymbol{X}_{ij}^{\mathrm{T}} \boldsymbol{H} \Big[\int_0^1 \boldsymbol{D}f(\beta x_j + (1-\beta)x_i)\mathrm{d}\beta - \boldsymbol{A}\Big] \boldsymbol{X}_{ij} < 0, (X_{ij} \neq 0).$$

$$(6-16)$$

定理 6.2 当耦合网络 (6-11) 中的图 G 对称时，有 $\varepsilon_{ij} = \varepsilon_{ji}$。假设单个振荡器系统是最终有界的，且假设 6.2 满足。若

$$\sum_{k=1}^{m} \varepsilon_{i_k j_k} \boldsymbol{X}_{i_k j_k}^2 > \frac{a}{N} \sum_{i=1}^{N-1} \sum_{j>1}^{N} \boldsymbol{X}_{ij}^2 \qquad (6-17)$$

成立，则网络 (6-11) 的同步流形是全局渐近稳定的；其中 m 是耦合矩阵 G 中非零元素的个数，$\boldsymbol{X}_{i_k j_k}$ $(k = 1, 2, \cdots, m)$ 由具有耦合系数的边定义。当耦合网络 (6-11) 中的图 G 非对称时，即图 G 是有向图时，存在如下定理：

定理 6.3 假设连接图有向并且是平衡的（即每个节点的入度等于它的出度）。若边的耦合强度对于任意 t 都有

$$\frac{\varepsilon_{ij}(t) + \varepsilon_{ji}(t)}{2} = \varepsilon_k(t) > \frac{a}{N} b_k(N,m), \qquad (6-18)$$

则网络（6-11）的完全同步流形是全局渐近稳定的。

6.1.3　随机网络的同步判定

长期以来，关于规则网络上的同步研究有很多[50,51]。假设 ER 随机网络是一个由 N 个相同网络节点组成的离散时间网络，离散模型[8]为

$$x_i(n + 1) = F(x_i(n)) + c \sum_{j=1}^{N} \bar{c}_{ij} F(x_j(n)) ，i = 1, 2, \cdots, N. \quad (6 - 19)$$

其中 $x_i(n)$ 是第 i 个网络节点在时刻 n 的状态，$F(\cdot)$ 是 logistic 函数，c 是整个网络的耦合强度且 $c > 0$。网络节点之间的连接概率为 $0 < p < 1$，$\bar{c}_{ij} = \dfrac{1}{k_i} \hat{c}_{ij}$（$k_i$ 是网络中第 i 个节点的节点度），则网络的内耦合矩阵定义为

$$\hat{c}_{ij} = \begin{cases} -k_i, & i = j, \\ 1, & i 与 j 之间存在连边, \\ 0, & i 与 j 之间不存在连边. \end{cases} \quad (6 - 20)$$

当条件

$$\frac{1 - e^{-\mu}}{\alpha_2} < c < \frac{1 + e^{-\mu}}{\alpha_N} \quad (6 - 21)$$

成立时，上述 ER 随机网络的同步流形是稳定的，其中 $0 = \alpha_1 < \alpha_2 \leqslant \cdots \leqslant \alpha_N$ 是网络（6-19）耦合矩阵的特征根，μ 是 $F(\cdot)$ 的最大 Lyapunov 指数。当 N 较大时，公式（6-21）可以近似为

$$\frac{1 - e^{-\mu}}{1 - 2\sqrt{(1 - p)/(Np)}} < c < \frac{1 + e^{-\mu}}{1 - 2\sqrt{(1 - p)/(Np)}}. \quad (6 - 22)$$

此时会出现以下三种情况：

（1）当 $p \to 1$，上述条件变为 $c > 1 - e^{-\mu}$，此时与全局耦合网络的结论一致；

（2）当 $0 < p < 1$ 且 $N \to \infty$，式（6-21）变为 $c > 1 - e^{-\mu}$，此时与全局耦合网络的结论也一致；

（3）当 $N \gg k = Np$ 且 $c = 1$，式（6-21）变为 $k > 4e^{2\mu}$，这说明网络同步

与网络的尺寸无关，只要耦合强度足够大，这种 *ER* 随机网络总能达到网络同步状态。

随机网络的构建取决于连接概率，很多参量很难得到明确的解析解，通常只能采用数值仿真来验证。图 6-1 给出了不同连接概率 p 下，*ER* 随机网络实现网络同步时所对应的耦合强度 c 随网络规模 N 的变化[50]。

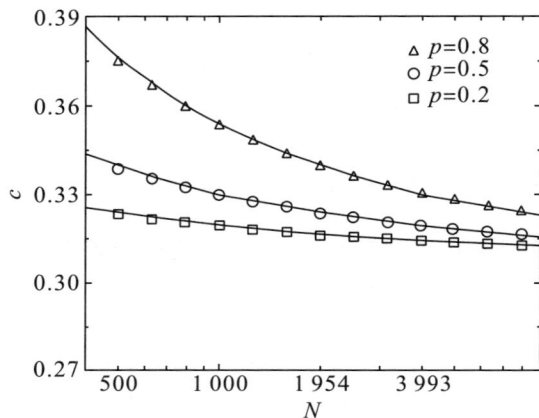

图 6-1 不同连接概率 p 对应的耦合强度 c 随网络规模 N 的变化

6.1.4 小世界网络同步的判定

在 NW 小世界模型中，我们不会破坏任何两个近邻之间的连接，而是以概率 p 在每对顶点之间添加一条连边[52]。同时，不允许顶点与另一个顶点耦合多次，也不允许顶点与自身耦合。当 $p=0$ 时，它将还原为最初的近邻耦合系统；当 $p=1$ 时，它将成为全局耦合系统。与随机网络类似，小世界网络的形成同样取决于连接概率，因此很多分析只能通过数值仿真来验证。若 $c_{ij} = c \bar{c}_{ij}$，则网络模型（6-7）转变为

$$\dot{x}_i = F(x_i) + c \sum_{j=1}^{N} \bar{c}_{ij} A x_j, \ i = 1, 2, \cdots, N. \quad (6-23)$$

在（6-23）的模型中，以概率 p 添加连边的过程就相当于网络耦合矩阵 $\bar{C}$ 中的元素有概率 p 的可能性取值为 1。在文献［53］中，作者阐述了小世界网络同步的基本条件，并进行了数值模拟分析，结论如下：

（1）对于给定的网络大小 $N > (\overline{d/c})$ 和给定的耦合强度 $c > 0$，如果概率 p 大于一定的阈值，即 $\overline{p} \leqslant p \leqslant 1$，则该小世界网络最终可以达到同步状态；

（2）对于给定的概率 $p \in (0,1]$，当网络的规模大于临界值 $\overline{N}$，即 $N > \overline{N}$ 时，网络可以达到同步状态。

6.2　网络同步模型

自然界各式各样的集体同步行为吸引了大量科学家的关注。然而自然界的行为过于复杂，直接对其研究十分困难，需要根据不同的研究目标做出合理假设和简化，这就产生了不同的模型。本节主要介绍 Kuramoto 振子模型及其拓展模型、Kuramoto 模型的同步相变理论的相关知识。

6.2.1　Kuramoto 振子模型

在描述耦合相振子同步的模型中，Kuramoto 振子模型是最为有名、应用最广泛的模型[54,55]。该模型描述了振子相位的变化率与固有频率及相位差的正弦耦合之间的关系。自 Kuramoto 振子模型被首次提出以来，学者们对 Kuramoto 模型的变体、扩展及应用展开大量研究[56,57]。

对同步现象的研究最早可以追溯到 17 世纪，但直到 Winfree 第一次用数学方法正确表述群集同步问题，对同步问题的研究才逐步科学化。他提出一个具有固定频率和相位间相互作用的模型

$$\dot{\theta}_i(t) = \omega_i + \left(\sum_{j=1}^{N} X(\theta_j) \right) Z(\theta_i), i = 1,2,\cdots N. \qquad (6-24)$$

其中，θ_i 为第 i 个振子的相位，ω_i 为振子 i 的自然频率，N 为组成耦合系统的振子个数。振子 j 通过 $X(\theta_j)$ 函数对其他振子施加影响，振子 i 对振子 j 的响应通过灵敏度函数 $Z(\theta_i)$ 来实现。通过模拟，Winfree 发现当振子间的自然频率的分布比振子间的耦合更高时，每个振子都会以其固有频率旋转，系统呈现出无序的状态；如果耦合足够强，可以克服频率上的非均匀性，则系统会自发地呈现出同步状态[58]。

受上述结果的启发，Kuramoto 简化了 Winfree 的模型，提出由 N 个性质几乎相同的极限环振子构成的耦合模型，称为 Kuramoto 模型。该模型保留了振子的自然频率，将振子间的耦合作用简化成正弦耦合函数，表示为

$$\dot{\theta}_i(t) = \omega_i + \frac{K}{N} \sum_{j=1}^{N} \sin\left(\theta_j(t) - \theta_i(t)\right), i = 1, 2, \cdots, N, \quad (6-25)$$

其中 θ_i 为第 i 个振子的相位，ω_i 为第 i 个振子的自然频率，满足一定分布（如高斯分布），K 为耦合强度。对于经典的 Kuramoto 振子系统，虽然各个振子的自然频率不同，但当振子间存在相互作用时，即 $K \neq 0$ 时，各个振子的频率将会随着耦合强度的变化而改变，因此可以定义第 i 个振子的平均频率为

$$\bar{\omega}_i = \lim_{T \to \infty} \frac{1}{T} \int_0^T \dot{\theta}_i(t) \, dt. \quad (6-26)$$

为了进一步量化振子群的协同行为，Kuramoto 定义了全局序参量

$$r(t) e^{i\varphi(t)} = \frac{1}{N} \sum_{j=1}^{N} e^{i\theta_j(t)}, \quad (6-27)$$

其中 $i = \sqrt{-1}$ 为虚数单位，$\varphi(t)$ 为平均相位，$r(t)$（$0 \leq r(t) \leq 1$）为 t 时刻系统序参量，用来衡量整个网络中振子的相位同步程度。当达到 $\bar{\omega}_i = \bar{\omega}_j$ 时，第 i 个振子与第 j 个振子达到同步。当耦合强度 K 很小时，只有自然频率几乎相等的振子才能同步，但其数量几乎可以忽略。大多数振子的平均频率各不相等，它们的相位在每个时刻均匀分布在 $0 \sim 2\pi$ 之间，系统的序参量为零。增加振子之间的耦合强度，将会有越来越多的振子达到同步状态，它们的平均频率相等，振子之间相位保持一个固定的相位差，系统的序参量不为零。当振子间的耦合强度很大时，振子间相位差会变得很小，形成大的同步振子集团，系统序参量接近 1。

6.2.2　Kuramoto 模型的拓展模型

自 Kuramoto 模型提出以后，研究者们考虑各种更加现实的因素，将其拓展。当 Kuramoto 振子系统周围存在噪声时[58,59]，Kuramoto 模型可以重写为

$$\frac{d\theta_i}{dt} = \omega_i + \frac{K}{N} \sum_{j=1}^{N} \sin(\theta_j(t) - \theta_i(t)) + \xi_i(t), \quad (6-28)$$

其中噪声项 $\xi_i(t)$ 为满足 $\langle \xi_i(t) \rangle = 0$ 的高斯白噪声，且有

$$\langle \xi_i(t) \xi_j(t') \rangle = 2D \delta_{i,j}(t - t'), \tag{6-29}$$

D 表示噪声强度。Tanaka 等人[60,61] 将 Kuramoto 模型拓展到二阶微分形式，即

$$m \ddot{\theta}_i + \dot{\theta} = \omega_i + \frac{K}{N} \sum_{j=1}^{N} \sin(\theta_j - \theta_i), \tag{6-30}$$

其中第一项为惯性项，m 为相对质量，用来衡量惯性的大小。在存在惯性项的情况下，经典 Kuramoto 模型序参量的连续相变将变成一级相变，并且会存在滞后现象，即当耦合强度 K 绝热增加到超过临近值 $K_c^{forward}$ 时，系统将会从序参量为零的非相干态跳变至同步态。当耦合强度 K 以绝热的方式减小到小于 $K_c^{backward}$ 时，系统仍可保持同步。只有当 $K = K_c^{backward} < K_c^{forward}$ 时系统才会从序参量不为零的状态跳至序参量为零的非相干态。这种滞后现象是由于振子具有惯性造成的。

Sakaguchi 等人[62-64] 将阻挫引入 Kuramoto 模型，定义 Sakaguchi-Kuramoto 模型。振子的运动方程为

$$\dot{\theta}_i(t) = \omega_i + \frac{K}{N} \sum_{j=1}^{N} \sin(\theta_j(t) - \theta_i(t) - \alpha). \tag{6-31}$$

式中 α 代表振子之间的阻挫。最初，Sakaguchi 等人认为引入阻挫并不会对系统的动力学行为造成太大的影响，因此之后的数年该变量并没有得到广泛的关注。但其实引入阻挫具有重要的物理意义，它代表了振子之间相位的延迟，该变量的引入会破坏系统同步，为系统带来十分丰富的动力学行为。

考虑到现实世界个体间相互作用的传递需要一定时长[65-72]，Yeung 等人定义带有时间延迟项的 Kuramoto 模型[72]，该模型的运动方程为

$$\dot{\theta}_i(t) = \omega_i + \frac{K}{N} \sum_{j=1}^{N} \sin(\theta_j(t-I) - \theta_i(t) - \alpha) + \xi_i(t), i = 1, 2, \cdots, N. \tag{6-32}$$

式中 I 为时间延迟，α 为相位阻挫，$\xi_i(t)$ 为无关联的高斯白噪声。当系统中振子为 δ 分布时，即 $g(\omega) = \delta(\omega - \omega_0)$，$\omega_0$ 为概率密度函数 $g(\omega)$ 的均值，若系统参数满足不等式

$$K < \frac{\omega_0}{2m-1} \text{ 且 } \frac{4m-3}{2\omega_0-K}\pi < \tau < \frac{4m-1}{2\omega_0+K}\pi \qquad (6-33)$$

则非同步态是稳定存在的。式中 m 为任意正整数。随着 τ 的增加，系统的非同步区域将越来越小，表明时间延迟能加强系统的同步。当系统参数满足不等式

$$K < \frac{\omega_0}{2(2m-1)} \text{ 且 } \frac{4m-3}{2(\omega_0-K)}\pi < \tau < \frac{4m-1}{2(\omega_0+K)}\pi \qquad (6-34)$$

时，系统稳定同步解不存在。

6.2.3　Kuramoto 模型同步相变理论

对于经典的 Kuramoto 模型，其从非同步态到同步态的转变可以看作一种相变。在热力学极限下，可以对 Kuramoto 振子系统的同步相变行为做出解析分析[73,74]。由于振子数无穷多，振子的概率密度表示为 $\rho(\theta, \omega, t)$，$\rho(\theta, \omega, t)\,d\theta$ 表示在时间为 t、频率为 ω 时相位在 $[\theta, \theta+d\theta]$ 之间的振子，系统的概率密度满足归一化条件，即

$$\int_{-\pi}^{\pi} \rho(\theta,\omega,t)d\theta = 1. \qquad (6-35)$$

同时振子密度应该满足连续性方程

$$\frac{\partial \rho}{\partial t} + \frac{\partial}{\partial \theta}(\rho\vartheta) = 0. \qquad (6-36)$$

上式中 $\vartheta(\theta, \omega, t) = \omega + Kr\sin(\varphi-\theta)$ 为角速度，因此式（6-27）可以写为

$$r\,e^{i\varphi(t)} = \int_{-\pi}^{\pi}\int_{-\infty}^{\infty} e^{i\theta}\rho(\theta,\omega,t)g(\omega)d\omega d\theta. \qquad (6-37)$$

上式存在平凡解 $r=0$，即为非相干态分布 $\rho = 1/(2\pi)$。对于部分同步 $0 < r < 1$，连续性方程的定态区域有

$$\rho(\theta,\omega) = \begin{cases} \delta\left[\theta-\varphi-\arcsin\left(\dfrac{\omega}{Kr}\right)\right], & |\omega| \leqslant Kr \\[2mm] \dfrac{\sqrt{\omega^2-(Kr)^2}}{2\pi|\omega-Kr\sin(\theta-\varphi)|}, & \text{其他} \end{cases} \qquad (6-38)$$

因此，定态的振子可以分为两组：当 $|\omega| \leqslant Kr$ 时为同步态，当 $|\omega| > Kr$ 时

为漂移振子。若近似认定非同步振子对序参量的大小没有影响，序参量可以看作只有同步振子贡献。选择系统初始条件使 $\varphi=0$，有

$$\dot{\theta}_i = \omega_i - Kr\sin\theta_i,\ i = 1,\cdots,N.$$

当系统处于稳定态时则有

$$\omega_i = Kr\sin\theta_i,\ i = 1,\cdots,N. \tag{6-39}$$

对于同步态的部分，其相位满足 $|\theta_i| \leqslant \pi/2$，有

$$r = \int_{-\pi/2}^{\pi/2} \cos\theta g(Kr\sin\theta)Kr\cos\theta d\theta = Kr\int_{-\pi/2}^{\pi/2} \cos^2\theta g(Kr\sin\theta)d\theta.$$

令 $r\to0^+$，可得

$$K_c = \frac{2}{\pi g(0)}. \tag{6-40}$$

上式即为 Kuramoto 模型的同步阈值。

6.3　多层网络上的同步

复杂网络的同步研究最初针对单层网络展开，包括各种静态和动态网络上的同步条件、同步判定及同步控制问题，已经取得了十分丰富的成果[30-34,75,76]。近年来，随着对实际网络结构的进一步探索，人们认识到单一层次的网络结构已无法描述现实世界相互耦合、相互依赖的复杂系统，采用多层网络能更准确地描述它们。多层网络的层间有多种耦合方式和耦合强度，呈现出单层网络不具有的更丰富的动力学和演化性质[49,77]。多层网络相比于单层网络的同步更为复杂，包括层间同步、层内同步、层间延迟同步等[78-81]。本节我们将简单介绍多层网络同步的相关知识。

6.3.1　多层网络动力学模型

假设多层网络有 M 层，每层有 N 个节点，则第 α 层第 i 个节点的动力学方程[82]为

$$\dot{x}_i^{(\alpha)} = f(x_i^{(\alpha)}) - a\sum_{j=1}^{N} l_{ij}^{(\alpha)}H(x_j^{(\alpha)}) - d\sum_{\beta=1}^{M} d_i^{\alpha\beta}\Gamma(x_i^{(\beta)}). \tag{6-41}$$

其中，$i=1$，2，$\cdots$，N，$\alpha=1$，2，$\cdots$，M。$\boldsymbol{x}_i^\alpha \in \mathbf{R}^n$，是第 α 层第 i 个节点的状态向量。$f(\cdot)$：$\mathbf{R}^n \rightarrow \mathbf{R}^n$ 是单个节点的动力学方程。$H(\cdot)$：$\mathbf{R}^n \rightarrow \mathbf{R}^n$ 和 a 分别是节点的层内耦合函数和层内耦合强度。$\Gamma(\cdot)$：$R^n \rightarrow R^n$ 和 d 分别表示层间耦合函数和层间耦合强度。$\boldsymbol{L}^{(\alpha)} = (l_{ij}^\alpha) \in \mathbf{R}^{N \times N}$ 是第 α 层的耦合矩阵。在第 α 层，若节点 i 和节点 j 有连边，有 $l_{ij}^{(\alpha)} = -1$，否则 $l_{ij}^{(\alpha)}=0$，且有

$$l_{ii}^{(\alpha)} = -\sum_{j=1,i\neq j}^N l_{ij}^{(\alpha)}. \tag{6-42}$$

设 $\boldsymbol{L}'^{(\alpha)} \in \mathbf{R}^{N \times N}$ 是第 α 层的拉普拉斯矩阵，有 $\boldsymbol{L}'^{(\alpha)} = -a l^{(\alpha)}$。设 $d_i^{\alpha\beta}$ 是处于 α 层和 β 层的节点 i 的层间耦合强度，如果第 α 层第 i 个节点与第 β 层第 i 个节点有连边（$\alpha \neq \beta$），则 $d_i^{\alpha\beta} = -1$，否则 $d_i^{\alpha\beta}=0$，且

$$d_i^{\alpha\alpha} = -\sum_{\beta=1,\alpha\neq\beta}^M d_i^{\alpha\beta}. \tag{6-43}$$

设 $\boldsymbol{L}$ 表示网络模型（6-41）的超拉普拉斯矩阵，它是一个 $MN \times MN$ 阶矩阵；$\boldsymbol{L}^L$ 表示层内拓扑的超拉普拉斯矩阵，$\boldsymbol{L}^I$ 表示层间拓扑的超拉普拉斯矩阵，$\boldsymbol{L}^I = -d\boldsymbol{D}$ 是层间拉普拉斯矩阵，$\boldsymbol{I}_N$ 是 $N \times N$ 阶单位矩阵，则有

$$\boldsymbol{L} = \boldsymbol{L}^L + \boldsymbol{L}^I, \tag{6-44}$$

$$\boldsymbol{L}^I = \boldsymbol{L}^I \otimes \boldsymbol{I}_N, \tag{6-45}$$

其中，$\otimes$ 是克罗内克积。对于层内超拉普拉斯矩阵，$\boldsymbol{L}^L$ 是各个层内拉普拉斯矩阵的直和，即

$$\boldsymbol{L}^L = \begin{bmatrix} \boldsymbol{L}^{(1)} & 0 & \cdots & 0 \\ 0 & \boldsymbol{L}^{(2)} & \cdots & 0 \\ \vdots & \vdots & & \vdots \\ 0 & 0 & \cdots & \boldsymbol{L}^{(M)} \end{bmatrix} = \bigoplus_{\alpha=1}^M \boldsymbol{L}^{(\alpha)}. \tag{6-46}$$

6.3.2　多层网络的同步类型

多层复杂网络的同步类型有完全同步、层内同步、层间同步等，如图 6-2 所示[83]。

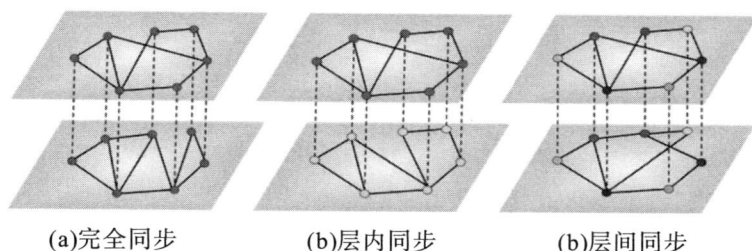

(a)完全同步　　　(b)层内同步　　　(b)层间同步

图 6 - 2　三种类型的同步图示

层内同步是指各层层内的所有节点最终同步到共同的状态。如果各层状态相同，多层网络就实现了完全同步。层间同步是指层间连接的节点对同步，层内节点之间的同步状态不一定相同。MSF 方法是研究同步耦合系统稳定性的重要方法之一。只要所有节点对内部耦合函数相同，通过对角化和解耦可将大型的复杂网络系统简化。这样，判断网络是否能达到同步就转化为判断所有网络特征模态是否都处于相应的同步区域。下面介绍如何利用主稳定函数方法判断多层网络的完全同步、层间同步和层内同步[84]。

一个具有 M 层、每层节点数为 N 的多层复杂网络的动力学方程见方程（6 - 41），方程中第 α 层的第 i 个节点的状态由 $x_i^{(\alpha)} = (x_{i1}^{(\alpha)}, x_{i2}^{(\alpha)}, \cdots, x_{im}^{(\alpha)})^{\mathrm{T}}$ 决定。设 $H(x) = Hx$ 和 $\Gamma(x) = \Gamma x$，即节点之间的耦合函数是线性的，H 和 Γ 为内部耦合矩阵。H 对于任意层，Γ 对于任意一层，都是相同的。

为了简单起见，设

$$x_i^{(\alpha)} = \begin{bmatrix} x_1^{(\alpha)} \\ x_2^{(\alpha)} \\ \vdots \\ x_N^{(\alpha)} \end{bmatrix}, f(x_i^{(\alpha)}) = \begin{bmatrix} f(x_1^{\alpha}) \\ f(x_1^{\alpha}) \\ \vdots \\ f(x_1^{\alpha}) \end{bmatrix}, x = \begin{bmatrix} x^{(1)} \\ x^{(2)} \\ \vdots \\ x^{(M)} \end{bmatrix}, F(x) = \begin{bmatrix} f(x^{(1)}) \\ f(x^{(2)}) \\ \vdots \\ f(x^{(M)}) \end{bmatrix},$$

$$(6 - 47)$$

则方程（6 - 41）式可写成如下向量形式

$$\dot{x} = F(x) - a(Ł^L \otimes H)x - d(Ł^I \otimes \Gamma)x. \qquad (6 - 48)$$

根据主稳定函数法，将方程（6-48）在$1_M \otimes 1_N \otimes S$处作线性处理，其中$S$是满足$S = f(s)$的网络状态，得到如下变分方程

$$\dot{\xi} = [I_{M \times N} \otimes Df(S) - a(\mathcal{L}^L \otimes H) - d(\mathcal{L}^I \otimes \Gamma)]\xi, \quad (6-49)$$

其中$\xi = x - 1_M \otimes 1_N \otimes S$，$I_{M \times N}$是$M \times N$阶单位矩阵。

假设$\mathcal{L}^L$和$\mathcal{L}^I$是对称矩阵，即$\mathcal{L}^L\mathcal{L}^I = \mathcal{L}^I\mathcal{L}^L$时，经过对角化和解耦后，可以得到主稳定性方程为

$$\dot{Y} = [Df(S) - kH - l\Gamma]Y. \quad (6-50)$$

其中，$k = a\lambda$，$l = d\mu$，λ和μ分别是$\mathcal{L}^L$和$\mathcal{L}^I$的特征值，满足$\lambda^2 + \mu^2 \neq 0$。

当$\lambda \neq 0$，$\mu = 0$时，对于$[0, +\infty)$区间内的任意层间耦合强度d，都不存在层间耦合，方程（6-50）简化为

$$\dot{Y} = [Df(S) - kH]Y. \quad (6-51)$$

当$\lambda = 0$，$\mu \neq 0$时，对于$[0, +\infty)$区间内的任意层内耦合强度a，都不存在层内耦合，方程（6-50）简化为

$$\dot{Y} = [Df(S) - l\Gamma]Y. \quad (6-52)$$

对于主稳定性方程（6-50），使用最大 Lyapunov 指数$L_{\max}(k, l)$（是关于k和l的函数）来判断多层网络的同步区域，$L_{\max}(k, l) < 0$是判断多层网络中同步流形稳定性的必要条件。

使用方程（6-50）可以分析完全同步、层间同步和层内同步三种类型的同步行为。我们把$L_{\max}(k, l) < 0$对应的取值范围记为$SR_{k,\beta}$，称$SR_{k,\beta}$是多层网络的主稳定区域（也称同步化区域）。由方程（6-50）、方程（6-51）和方程（6-52）可以依次得到三个同步稳定区域：

$$SR_{k,l} = \{(k,l) \mid L_{\max}(k,l) < 0\} \quad (6-53)$$

$$SR_{k,l}^{\text{Intra}} = \{(k,l) \mid L_{\max}(k) < 0\} \quad (6-54)$$

$$SR_{k,l}^{\text{Inter}} = \{(k,l) \mid L_{\max}(l) < 0\} \quad (6-55)$$

称$SR_{k,l}$为联合同步区域，$SR_{k,l}^{\text{Intra}}$为层内同步区域，$SR_{k,l}^{\text{Inter}}$为层间同步区域。这三个区域的公共交集区域即为多层网络的完全同步区域。当给定层内网络的

拓扑结构后，若所有非零特征模块都落入公共交集区域，则多层网络可达到完全同步。给定层内网络拓扑结构后也可以直接确定 λ 和 μ（$Ł^L$ 和 $Ł^I$ 的特征值），这三个同步稳定区域可以被层内耦合强度 a 和层间耦合强度 d 参数化，转化为关于层内耦合强度和层间耦合强度的区域，即 $SR_{k,l}$、$SR_{k,l}^{\text{Intra}}$、$SR_{k,l}^{\text{Inter}}$。

根据 MSF 理论，可通过判断网络的超拉普拉斯矩阵的所有特征值是否落在该网络的同步区域来判断网络的同步性。复杂网络的同步区域可分为无界同步区域、有界同步区域、多个不相连区间的并集同步区域及空区域。网络的同步区域由网络的单个节点动力学和节点间的连边方式所决定，与网络的拓扑结构无关，而网络的同步能力与网络的拓扑结构相关。多层复杂网络的同步能力可用网络的超拉普拉斯矩阵 $Ł$ 的最小非零特征值 λ_2 或最大特征值 $\lambda_{\max}$ 与 λ_2 的比值 $R = \lambda_{\max} / \lambda_2$ 来度量。当网络同步区域为无界区域时，λ_2 越大网络的同步能力越强；当网络同步区域为有界区域时，$R = \lambda_{\max} / \lambda_2$ 越小，网络的同步能力越强。

对多层网络同步的研究表明，多层的结构及层间交互对系统动力学的影响十分显著，如层间连接比例、结构相关性和连接模式与多层网络同步性和扩散速率紧密相关[85]。除多层网络的同步外，爆炸式同步、动态网络上的同步、高阶网络上的同步也是同步研究的热点方向。爆炸式同步指网络动态中突然出现的集体同步行为，它满足热力学中一阶相变的部分性质（如不连续性和不可逆性），但不具备真正的一阶相变的所有属性。爆发式同步的一个应用实例是对大脑动力学的研究。研究表明同步对于维持情绪、复杂思维、记忆、语言理解、意识等基本大脑功能至关重要，而临床证据表明，爆炸性同步实际上是癫痫（世界上最突出的脑部疾病之一）期间大脑从正常行为转变为病理行为的潜在机制[86]。在动态网络中，研究发现其达到同步所需的时间相对于静态网络缩短，同步状态的稳定范围显著增加[87]。在自适应动态网络中，一些现象与非自适应网络中的现象相同，如完全同步、多稳态、爆炸式同步等。但自适应会引发新的特征，需要更复杂的理论和数值处理，如研究完全同步的经典主稳定函数方法不能应用于自适应网络。与没有自适应性的动态网络相比，自适应网络中的多稳态更加丰富[88]。在高阶网络上，研究人员定义了 Kuramoto 模型的扩展、带牵引控制的同步及一般的集合动力学模型等[89]。研究表明单纯复形中耦合相位振荡器之间的高阶相互作用会在宏观系统动力学中产生额外的非线性，通过同步和非相干状态的磁滞和双稳态引起突然的同步相变[90]。对有向高阶超图上的非线性振荡器同步的研究发现，有向高阶作用可以破坏同步，也可以稳定原本不稳定的同步状态[91]。

习题六

1. 复杂网络上同步动力学的判定方法有哪些？

2. 随机网络和小世界网络上的同步判定有何差异？

3. Kuramoto 振子模型如何描述同步？

4. 阐述将 Kuramoto 模型扩展至多层网络和高阶网络的思路、可能存在的问题及解决方法。

参考文献

[1] Huygens. Horoloquim oscillatorium [M]. Paris, France, 1673.

[2] Pikovsky A, Rosenblum M, and Kurths J. Synchronization: A universal concept in nonlinear sciences [M]. New York: Cambridge University Press, 2001.

[3] Strogatz S H. Sync: How order emerges from chaos in the universe, nature, and daily life, Hyperion, 2012.

[4] Winfree A T. Geometry of biological time [M]. New York: Springer Verlag, 1990.

[5] Strogatz S H and Stewart I. Coupled Oscillators and Biological Synchronization [J]. Scientific American Magazine, 1993, 269 (6): 102 - 109.

[6] Glass L. Synchronization and rhythmic processes in physiology [J]. Nature, 2001, 410: 277 - 284.

[7] Buzsáki G, Draguhn A. Neuronal oscillations in cortical networks [J]. Science, 2004, 304 (5679): 1926—1929.

［8］ Néda Z, Ravasz E, Vicsek T, et al. Physics of the rhythmic applause ［J］. Physical Review E, 2000, 61（6）：6987－6992.

［9］ Buck J B and Buck E. Mechanism of rhythmic synchronous flashing of fireflies ［J］. Science, 1968, 159：1319－1327.

［10］ Liu J, Chen G, Zhao X. Generalized synchronization and parameters identification of dufferent-dimensional chaotic systems in the complex field ［J］. Fractals, 2021, 29（4）：2150081.

［11］ 单梁. 混沌系统的若干同步方法研究 ［D］. 南京理工大学, 2006

［12］ 庞明宝, 赵冰心. 基于复杂网络牵制同步的高速公路融合控制 ［J］. 系统工程理论与实践, 2021, 41：1018－1024.

［13］ 张志姝, 高燕. 具有随机扰动和 Markov 切换的中立型耦合神经网络的自适应同步 ［J］. 应用数学和力学, 2020, 41（12）：1381－1391.

［14］ Su, H, Chen, G, Wang, X, Lin, Z. Adaptive Second-order Consensus of Networked Mobile Agents with Nonlinear Dynamics ［J］. Automatica, 2011, 47：368－375.

［15］ Albert R, Barabási, A L. Statistical mechanics of complex networks ［J］. Reviews of Modern Physics, 2002, 74（1）：47.

［16］ Tang Y, Qian F, Gao, H, Kurths, J. Synchronization in complex networks and its application－a survey of recent advances and challenges ［J］. Annual Reviews in Control, 2014, 38（2）：184－198.

［17］ Belykh I, Lange D E, Hasler M. Synchronization of bursting neurons：What matters in the network topology ［J］. Physical Review Letters, 2005, 94（18）：188101.

［18］ Li X, Wang X, Chen G. Pinning a complex dynamical network to its equilibrium ［J］. IEEE Transactions on Circuits and Systems I：Regular Papers, 2004, 51（10）：2074－2087.

［19］ Berec V. Complexity and dynamics of topological and community structure in complex-networks ［J］. The European Physical Journal Special Topics, 2017, 226：2205－2218.

［20］ Wang X F, Chen G R. Synchronization in small-world dynamical networks ［J］. International Journal of Bifurcation and Chaos, 2002, 12（1）：187－192.

［21］ Pecora L M, Sorrentino F, Hagerstrom A M, et al. Cluster synchronization and isolated desynchronization in complex networks with symmetries ［J］. Nature Communications, 2014, 5：4079.

［22］ Yan G, Ren J, Lai Y C, Lai C H, Li B. Controlling complex networks：How much energy is needed? ［J］. Physical Review Letters, 2012, 108 （21）：218703.

［23］ Pyragas, K. Continuous control of chaos by self-controlling feedback ［J］. Physics Letters A, 1992, 170 （6）：421 – 428.

［24］ Pyragas, K. Delayed feedback control of chaos ［J］. Philosophical Transactions of the Royal Society A：Mathematical, Physical and Engineering Sciences, 2006, 364 （1846）：2309 – 2334.

［25］ Zheng Z, Feng X, Cross M C, et al. Synchronization on coupled dynamical networks ［J］. Frontiers of Physics in China, 2006, 1 （4）：458 – 467.

［26］ Wang Y, Wang L, Fan H, et al. Cluster synchronization in networked nonidentical chaotic oscillators ［J］. Chaos：An Interdisciplinary Journal of Nonlinear Science, 2019, 29 （9）：093118, 1 – 12.

［27］ Luo L, Lu L. Studying rhythm processing in speech through the lens of auditory-motor synchronization ［J］. Frontiers in Neuroscience, 2023, 17：1146298.

［28］ Yan H, Qiao Y, Ren Z, Duan L, Miao J. Master – slave synchronization of fractionalorder memristive mam neural networks with parameter disturbances and mixed delays ［J］. Communications in Nonlinear Science and Numerical Simulation, 2023, 120：107152.

［29］ 赵明, 汪秉宏, 蒋品群, 等. 复杂网络上动力系统同步的研究进展. 物理学进展 ［J］, 2005, 25 （3）：273 – 295.

［30］ Hall E T. The Dance of life：The other dimension of time ［M］, Anchor books, New York, NY, USA, 1983.

［31］ 王立夫. 复杂网络同步问题的研究 ［D］. 辽宁：东北大学, 2010.

［32］ Boccaletti S, Latora V, Moreno Y, et al. Complex networks：structure and dynamics ［J］. Physics Reports, 2006, 424：175 – 308.

［33］ 吕金虎. 复杂网络的同步：理论、方法、应用与展望 ［J］. 力学进展, 2008, 6：

713 - 722.

[34] Cambraia E B S A, Flauzino J V V, Prado T L, et al. Dependence on the local dynamics of a network phase synchronization process [J]. Physica A: Statistical Mechanics and its Applications, 2023, 619: 128750.

[35] Dai H, Chen W S, Jia J P, et al. Exponential synchronization of complex dynamical networks with time-varying inner coupling via event-triggered communication [J]. Neurocomputing, 2017, 245: 124 - 132.

[36] Wu Z-G, Shi P, Su H, et al. Sampled-data exponential synchronization of complex dynamical networks with time-varying coupling delay [J]. IEEE Transactions on Neural Networks and Learning Systems, 2013, 24 (8): 1177 - 1187.

[37] Li Z, Chen G R. Global synchronization and asymptotic stability of complex dynamical networks [J]. IEEE Transactions on Circuits and Systems II: Express Briefs, 2006, 53 (1): 28 - 33.

[38] Mei J, Jiang M, Xu W, et al. Finite-time synchronization control of complex dynamical networks with time delay [J]. Communications in Nonlinear Science and Numerical Simulation, 2013, 18 (9): 2462 - 2478.

[39] Shi X, Wang Z, Han L. Finite-time stochastic synchronization of time-delay neural networks with noise disturbance [J]. Nonlinear Dynamics, 2017, 88 (4): 2747 - 2755.

[40] Yang X, Lam J, Ho D W C, et al. Fixed-time synchronization of complex networks with impulsive effects via nonchattering control [J]. IEEE Transactions on Automatic Control, 2017, 62 (11): 5511 - 5521.

[41] Hu J, Sui G, Li X. Fixed-time synchronization of complex networks with time-varying delays [J]. Chaos, Solitons and Fractals, 2020, 140: 110216.

[42] Rosenblum M G, Pikovsky A S, Kurths J. From phase to lag synchronization in coupled chaotic oscillators [J]. Physical Review Letters, 1997, 78 (22): 4193.

[43] Shahverdiev E M, Sivaprakasam S, Shore K A. Lag synchronization in time-delayed systems [J]. Nonlinear Analysis: Hybrid Systems, 2002, 292 (6): 320 - 324.

[44] Mahmoud G M, Mahmoud E E. Complete synchronization of chaotic complex nonlinear

systems with uncertain parameters ［J］. Nonlinear Dynamics, 2010, 62: 875 – 882.

［45］ Ha S Y, Ha T, Kim J H. On the complete synchronization of the Kuramoto phase model ［J］. Physica D: Nonlinear Phenomena, 2010, 239 (17): 1692 – 1700.

［46］ Barahona M, Pecora L M. Synchronization in small-world systems ［J］. Physical Review Letters, 2002, 89: 054101.

［47］ Pecora L M, Carroll T L. Master stability functions for synchronized coupled systems ［J］. Physical Review Letters, 1998, 80: 2109 – 2112.

［48］ Fink K S, Johnson G, Carroll T, et al. Three coupled oscillators as a universal probe of synchronization stability in coupled oscillator arrays ［J］. Physical Review E, 2000, 61: 5080 – 5090.

［49］ Belykh V N, Belykh I V, Hasler M. Connection graph stability method for synchronized coupled chaotic systems ［J］. Physica D: Nonlinear Phenomena, 2004, 195 (1 − 2): 159 − 187

［50］ Gong B, Yang L, Yang K. Synchronization on Erdös-Rényi network ［J］. Physical Review E, 2005, 72: 037101.

［51］ Fink K S, Johnson G, Carroll T, et al. Three coupled oscillators as a universal probe of synchronization stability in coupled oscillator arrays ［J］. Physical Review E, 2000, 61: 5080 – 5090.

［52］ Newman M E J, and Duncan J W. Renormalization group analysis of the small-world network model ［J］. Physics Letters A, 1999, 263: 341 − 346.

［53］ Wang X, Chen G. Synchronization in small-world dynamical networks ［J］. International Journal of Bifurcation and Chaos, 2002, 12 (1): 187 ~ 192.

［54］ Kuramoto Y. Self-entrainment of a population of coupled non-linear oscillators ［C］. In International Symposium on Mathematical Problems in Theoretical Physics: January 23 – 29, 1975, Kyoto University, Kyoto/Japan, pages 420 – 422, Springer.

［55］ Kuramoto Y. Chemical oscillation, waves, and turbulence. Spring-Verlag, Tokyo, 1984.

［56］ Shi Y, Li T, Zhu, J. On synchronization of the double sphere kuramoto model with connected undirected graphs ［ J ］. Physica D: Nonlinear Phenomena, 2023,

443：133555.

［57］ Choi S H, Seo H. Exponential asymptotic stability of the Kuramoto system with periodic natural frequencies and constant inertia ［J］. Journal of Nonlinear Science, 2023, 33 （1）：15.

［58］ Reimann P, Van der Broeck C, Kawai P. Nonequilibrium noise in coupled phase oscillators ［J］. Physical Review E, 1999, 60 （6）：6402 − 6406.

［59］ Strogatz S H, Mirollo R E. Stability of incoherence of a population of coupled oscillators ［J］. Jouranl of Statistical Physics, 1991, 63 （3 − 4）：613 − 635.

［60］ Tanaka H, Lichtenberg AJ, Oishi S. First order phase transition resulting from finite inertia in coupled oscillator systems ［J］. Physical Review Letters, 1997, 78 （11）：2104 − 2107.

［61］ Tanaka H, Lichtenberg AJ, Oishi S. Self-synchronization of coupled oscillators with hysteretic responses ［J］. Physica D, 1997, 100 （3 − 4）：279 − 300.

［62］ Sakaguchi H, Kuramoto Y. A soluble active rotater model showing phase transitions via mutual entrainments ［J］. Progress of Theoretical Physics, 1986, 76 （3）：576 − 581.

［63］ Sakaguchi H, Shinomoto S, Kuramoto Y. Local and global self-entrainments inoscillator lattices ［J］. Progress of Theoretical Physics, 1987, 77 （5）：1005 − 1010.

［64］ Sakaguchi H, Shinomoto S, Kuramoto Y. Mutual entrainment in oscillator lattices with nonvariational type interaction ［J］. Progress of Theoretical Physics, 1988, 79 （5）：1069 − 1079.

［65］ Nirbur E, Schuster H G, Kammen D M. Collective frequencies and metastability in networks of limit-cycle oscillators with time delay ［J］. Physical Review Letters, 1991, 67 （20）：2753 − 2756.

［66］ Kim S, Park S H, Ryu C S. Multistability in coupled oscillator system with time delay ［J］. Physical Review Letters, 1997, 79 （15）：2911 − 2914.

［67］ Takamatsu A, Fujii T, Endo I. Time delay effect in a living coupled oscillator system with the plasmodium of physarum polycephalum ［J］. Physical Review Letters, 2000, 85 （9）：2026 − 2029.

［68］ Jörg D J, Morelli L G, Ares S, et al. Synchronization dynamics in the presence of coupling delays and phase shifts ［J］. Physical Review Letters, 2014, 112 (17)：174101.

［69］ Jeong S O, Ko T W, Moon H T. Time-delayed spatial patterns in a two-dimensional array of coupled oscillators ［J］. Physical Review Letters, 2002, 89 (15)：154104.

［70］ Lee W S, Ott E, Antonsen T M. Large coupled oscillator systems with heterogeneous interaction delays ［J］. Physical Review Letters, 2009, 103 (4)：044101.

［71］ Ares S, Morelli L G, Jörg D J, et al. Collective modes of coupled phase pscillators with delayed coupling ［J］. Physical Review Letters, 2012, 108 (20)：204101.

［72］ Yeung M K S, Strogatz S H. Time delay in the Kuramoto model of coupled oscillators ［J］. Physical Review Letters, 1999, 82 (3)：648 - 651.

［73］ 刘宗华. 混沌动力学基础及其在大脑功能方面的应用 ［M］. 北京：科学出版社, 2018.

［74］ 郑志刚. 复杂系统的涌现动力——从同步到集体输运（上册）［M］. 北京：科学出版社, 2019.

［75］ 陆君安, 刘慧, 陈娟. 复杂动态网络的同步 ［M］. 北京：高等教育出版社, 2016.

［76］ 汪小帆, 李翔, 陈关荣. 网络科学导论 ［M］. 北京：高等教育出版社, 2012：365 - 371.

［77］ 魏娟. 两层复杂网络的同步与超扩散 ［D］. 武汉大学, 2019.

［78］ Liu H, Li J, Li Z, et al. Intralayer synchronization of multiplex dynamical networks via pinning impulsive control ［J］. IEEE Transactions on Cybernetics, 2020, 52 (4)：2110 - 2122.

［79］ Wu X, Li Y, Wei J, et al. Inter-layer synchronization in two-layer networks via variable substitution control ［J］. Journal of the Franklin Institute, 2020, 357 (4)：2371 - 2387.

［80］ Guo H, Zhou J, Zhu S. The impact of inner-coupling and time delay on synchronization：From single-layer network to hypernetwork ［J］. Chaos：An Interdisciplinary Journal of Nonlinear Science, 2022, 32 (11)：113135.

［81］ Cai S, Zhou P, Liu Z. Synchronization analysis of directed complex networks with time-delayed dynamical nodes and impulsive effects ［J］. Nonlinear Dynamics, 2014, 76

（3）：1677 - 1691.

［82］ Xu M, Zhou J, Lu J, et al. Synchronizability of two-layer network ［J］. European Physical Journal B, 2015, 88：240.

［83］ 吴萍. 几类多层复杂网络的特征值谱与同步能力研究 ［D］. 桂林理工大学, 2023.

［84］ Tang L, Wu X, Lü J, et al. Master stability functions for complete, intralayer, and interlayer synchronization in multiplex networks of coupled Rössler oscillators ［J］. Physical Review E, 2019, 99（1）：012304.

［85］ Wu X, Wu X, Wang C-Y, et al. Synchronization in multiplex networks ［J］. Physics Reports, 2024, 1060：1 - 54.

［86］ Boccaletti S, Almendral J A, Guan S, et al. Explosive transitions in complex networks' structure and dynamics：Percolation and synchronization ［J］. Physics Reports, 2016, 660：1 - 94.

［87］ Kohar V, Ji P, Choudhary A, et al. Synchronization in time-varying networks ［J］. Physical Review E, 2014, 90, 022812.

［88］ Berner R, Gross T, Kuehn C, et al. Adaptive dynamical networks ［J］. Physics Reports, 2023, 1031：1 - 59.

［89］ Liu H, Zhou J, Li B, et al. Synchronization on higher-order networks ［J］. EPL, 2024, 145：61001.

［90］ Skardal P S, Arenas A. Higher order interactions in complex networks of phase oscillators promote abrupt synchronization switching ［J］. Communications Physics, 2020, 3：218.

［91］ Gallo L, Muolo R, Gambuzza L V, et al. Synchronization induced by directed higher-order interactions ［J］. Communications Physics, 2022, 5：263.

第 7 章

复杂网络的应用

7.1　网络与机器学习

7.1.1　图神经网络的兴起

目前，越来越多的真实场景被建模为图（graph）的形式，其中节点表示个体，边表示个体之间的关系。例如，人与人之间的社会关系构成了社交网络，人与物品之间的购买关系构成了购物网络，化学分子之间的连接关系构成了化学分子网络。对上述样本之间的联系建模会给机器学习带来更多的有效信息，从而提升其性能及泛化能力。例如，在电子商务领域，基于图的学习系统可以利用用户和产品之间的交互来做出高度准确的推荐。在化学领域，分子被建模为图，通过确定它们的生物活性以用于药物发现。然而，图数据的复杂性也给机器学习算法和深度学习带来了重大挑战。例如，现有机器学习算法的核心假设是样本服从独立同分布，这个假设显然不适用于图数据。因为在图中每个样本（节点）都通过各种类型的连接（如引用、友谊和交互）与其他样本相关，并非独立。

机器学习领域最早对于图结构信息挖掘的研究，主要关注如何将复杂且高维的结构表示为低维向量（图嵌入），从而可以使用简单的机器学习算法（例如支持向量机、决策树等）轻松地执行诸如分类、聚类的图挖掘任务。随着 Word2vec 的提出，随机游走 Word2vec 的图嵌入方法也被研究者们所青睐，许多经典的工作如 Deepwalk[1]、node2vec[2] 等随之诞生。

在深度学习取得巨大成功的今天，研究者们希望模型能够自适应地提取特征，对不同的任务学习出不同的表示。图嵌入学习到的表示无法保证能够很好地适用于最终任务，端到端训练的图卷积神经网络的出现解决了这个问题。2013 年，Bruna 等人提出图卷积网络，主要依赖于拉普拉斯矩阵的离散傅里叶变换，将图信息变换到谱域，在谱域上学习滤波器参数，再经过傅里叶逆变换得到滤波之后原空间的表示，有效地避免了图结构由于不存在平移不变性而无法直接使用卷积神经网络（Convolutional Neural Networks，CNN）的问题[3]。然而一旦节点数量增多，对拉普拉斯矩阵做特征分解是一项计算复杂度特别高的工作，不利于模型的研究和应用。Defferrard 等人在前人工作的基础上改进并提出 Cheby-Net，巧妙地利用切比雪夫多项式的阶段形式来近似谱域卷积的过程，避免了高阶矩阵求逆运算，在计算复杂度上得到了极大优化[4]。Kipf 等提出图卷积网络（Graph Convolutional Network，GCN[5]），在 Cheby-Net 的基础上进一步优化，仅保留了多项式的前两项，并加入了重整化技巧，使得 GCN 的性能在图数据集上达到新的水平，超越了图嵌入和传统神经网络的方法。其简单的形式带来了极低的计算复杂度和优异的性能，增加了研究者们对图神经网络的信心，推动了图神经网络的发展。

图神经网络（Graph Neural Network，GNN）是一类专门用于处理图结构数据的深度学习模型的统称。与传统的神经网络不同，GNN 能够直接对图中的节点和边进行建模，通过聚合邻居节点的表征及其在前一轮迭代中的表征来迭代更新节点表征，进行全局的图结构推理和预测。GNN 的设计灵感来源于图的局部性原理，即图中的每个节点在其邻域内发挥着重要作用。在 GNN 的基本框架中，每个节点都被赋予一个表示其特征的向量。这些特征向量通过不同的层进行传递和更新，逐步捕获图结构中的高阶信息。考虑到图结构的拓扑关系，这一过程可以通过消息传递机制来表述，节点在每次迭代中接收并整合来自邻居节点的信息。通过迭代更新节点表征，使 GNN 逐渐捕捉节点之间的复杂依赖关系和全局拓扑结构。这使得 GNN 成为处理社交网络、推荐系统等领域中复杂图结构数据的有效工具，为实现对关键节点的准确识别及其他图结构任务的执行提供了新的途径。GNN 的发展为图数据分析领域带来了新的机遇和挑战。

GNN 通常包括以下要素：

（1）输入图数据表示：输入特征矩阵 X 和邻接矩阵 A，其中邻接矩阵表示图中节点之间的连接关系。特征矩阵包含节点的各种属性信息，例如节点的文本内容、社交关系等。

（2）节点表示学习：节点表示学习是一个将节点的特征信息和结构信息融合的过程，以生成能够捕捉节点在图中角色和属性的向量表示。

（3）信息聚合：GNN 通过聚合邻域信息来更新每个节点的表示。这个过程通常在每一层的 GNN 中重复进行，以捕获多跳邻居的信息。在每一层，节点接收来自其邻居的消息，并将这些消息与其自身结合，以更新自身表示。最常见的信息聚合方法包括邻居节点特征的均值聚合或最大值聚合。

（4）输出预测：GNN 的输出预测可以应用于各种下游任务，例如节点分类、图分类、链路预测等。

（5）池化（Pooling）：池化通过减小数据规模来降低图的维度，同时保留重要信息。池化操作能够促进网络学习到更泛化的特征。通过减少参数的数量和模型的复杂性，有助于防止神经网络在训练过程中的过拟合现象。

（6）优化目标和反向传播：使用某种损失函数来衡量模型输出与真实标签之间的差距，通过反向传播算法来更新模型参数以最小化损失函数。

GNN 接收特征矩阵和邻接矩阵作为输入，通过多个 GNN 层进行信息传递和聚合，更新节点表示，最终通过输出层执行特定的任务。GNN 的不同变体在信息传递的方式、邻居节点聚合的方法以及输出层的设计等方面有所差异。

7.1.2 图神经网络的应用举例

图神经网络展现出了强大的表示能力，将图神经网络应用于各个领域也成为研究热点。例如，基于图神经网络的推荐系统更加充分地捕获了用户与物品之间的交互关系，性能优于传统的推荐方法。自然语言处理将语法树作为图结构使用图神经网络进行表示学习，使得更丰富的表示被嵌入到每个样本（单词）中。此外，计算机视觉、知识图谱、金融风控、药物预测等都从图神经网络取得的成功中受益。

7.1.2.1 自然语言处理中的应用

对于大多数自然语言处理任务，输入是文本序列而不是图数据。如何从文本序列中构造合适的图输入一直是学术界研究的热点问题。目前有两种主要的图构造方法，分别为静态图构造和动态图构造，用于将文本数据构造为图结构。静态图构造方法是在数据预处理期间构造图结构，通常是利用现有的关系解析工具。静态图包含了隐藏在原始文本序列中的不同领域知识，使原始文本具有丰富的结构化信息。虽然静态图可以将先验知识编码至图结构中，但静态图具有部分缺陷。首先，构造合理的静态图需要丰富的专业领域知识。其次，因易受噪声或不完整数据的影响，人工构造的图结构很大概率出错。最后，由于图构建阶段和图表示学习阶段是独立的，图构建阶段引入的错误可能会积累到图学习阶段，导致模型性能下降。为了解决上述问题，Chen 等人探索了动态图的构建，不依赖于解析工具和手动定义的规则[6]。大多数动态图构建方法旨在动态学习图结构，将图构建与图表示学习模块联合在一起，端到端优化下游任务。图 7-1 展示了动态图构建的流程，整个流程包括图相似度量学习组件和图稀疏化组件。图相似度量学习组件考虑节点嵌入空间中的成对节点相似度，用以学习加权邻接矩阵；图稀疏化组件将可学习的全连通图提取为稀疏图，进一步将内在图结构和学习过的隐式图结构结合起来，有利于更好的模型学习性能。

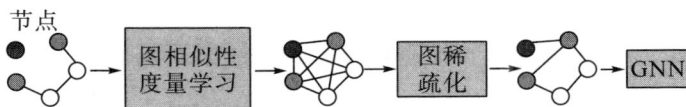

图 7-1 动态图学习模式

7.1.2.2 推荐系统中的应用

由于在处理结构化数据和探索结构信息方面的优势，基于图的协同过滤模型[7][8]已成为推荐系统中更先进的新方法。与最早的传统方法不同[9]，基于图的方法能够从用户-物品二部图中逐层获取邻居信息。例如，NGCF[10]通过多层图卷积捕捉高阶邻居信息并显式编码协作信号，取得了超越传统方法的结果；而 LightGCN[7] 通过简化 NGCF 证明了对于仅有 ID 信息的协同过滤任务而言，非线性激活和特征转换是不必要的。此外，DGCF[8]通过更精细的嵌入探索了用户交互背后的意图。通常来说，基于图神经网络的协同过滤过程可分为三个阶段，即嵌入初始化、嵌入传播和最终嵌入生成。

令$e_u^{(0)}$和$e_i^{(0)}$表示用户u的 ID 嵌入和项目i的 ID 嵌入。随机初始化 ID 嵌入。应用聚合函数传播来自邻居的信息，其第i层可表示如下：

$$e_u^{(l)} = \text{Aggregator}(\{e_i^{l-1}, \forall i \in N_u\}),$$
$$e_i^{(l)} = \text{Aggregator}(\{e_u^{l-1}, \forall u \in N_i\}),$$

$(7-1)$

其中N_u表示用户u的邻居集，N_i表示项目i的邻居集。经过l层图卷积后，所有层融合生成用于预测的最终表示：

$$e_u = f_{\text{readout}}([e_u^{(0)}, e_u^{(1)}, \cdots, e_u^{(l)}]),$$
$$e_i = f_{\text{readout}}([e_i^{(0)}, e_i^{(1)}, \cdots, e_i^{(l)}]),$$

$(7-2)$

其中 readout 函数用来将节点级别的表示汇总成图级别的表示。这种操作对图分类任务很重要，因为它们需要一个图级表示来进行最终的分类或其他图集预测。这里$f_{\text{readout}}(*)$是 sum、concat 或 mean。

7.1.3　图神经网络在复杂网络研究中的应用举例

受 GNN 的启发，研究人员将复杂网络中的问题与 GNN 相结合，用来分析和处理复杂网络的拓扑结构，进而分析节点属性，对复杂网络中的节点进行分类和回归。在关键节点识别方面，图神经网络利用节点之间的信息传递和特征聚合来识别对整个网络结构具有重要影响的节点。使用自定义特征作为节点的初始表征送入 GNN 的输入层，然后进行相应的训练来完成节点的分类、回归等。

Yu 等人提出了 RCNN 模型，将复杂网络中的关键节点识别问题转化为回归问题，利用网络的邻接矩阵和卷积神经网络来识别最有影响力的节点[11]。在该方法中，每个节点生成特征矩阵，使用卷积神经网络来训练和预测节点的影响力。RCNN 的主要工作步骤如下：①找到每个节点V_i的$L-1$个邻居，以V_i为根节点生成子网络（每个子网络包含节点V_i及其$L-1$个邻居）；②对每个子网络的邻接矩阵生成特征矩阵，如图 7 - 2 所示[11]；③以 SIR 传播模型得到的所有节点的感染规模为标签；④使用训练集（所有节点的特征矩阵及标签）训练 GCN 模型；⑤选择任意网络，对所有不带标签的节点生成特征矩阵，并通过训练好的 CNN 模型得到这些节点的分数；⑥根据节点的得分对它们进行排序。在 9 个合成网络和 15 个真实网络上的实验结果表明，RCNN 识别 SIR 传播模型中关键节点的性能优于传统的基准方法。

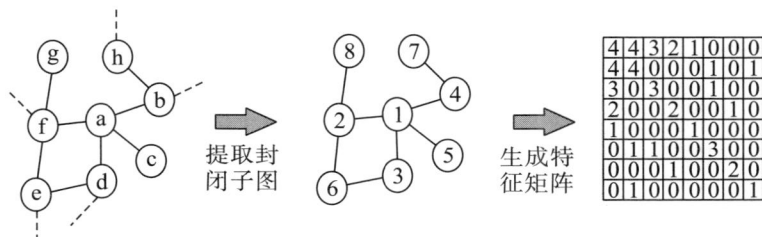

图 7 - 2　封闭子图提取和生成特征矩阵

在定义节点重要性时，基于中心性的方法侧重于网络结构的重要性，基于机器学习的方法描述节点特征的重要性。然而，基于单一结构信息的节点重要性不能充分反映特定场景下节点的功能重要性，而基于机器学习的方法又过于依赖特征工程，特征的选择显著影响基于机器学习方法的性能。节点的影响重要性不仅取决于其特征，还取决于其邻居之间的联系。考虑到 GNN 既可以处理节点特征，又可以处理节点之间的链接，Zhao 等人提出 InfGCN 模型[12]。与 RCNN 不同的是，他们送入图卷积网络的输入不是特征矩阵，而是拼接的四个经典结构特征（度中心性、介数中心性、接近中心性和聚类系数）。InfGCN 模型的主要流程如下：①原始输入由对称的归一化拉普拉斯特征和节点特征矩阵组成（四个特征在被送到深度学习模型之前先归一化）；②GCN 层用于使用图结构和节点特征进行表示学习；③三个全连接层和 LogSoftMax 分类器用于任务学习；④将模型的输出与真实值进行比较，得到负对数似然损失。InfGCN 模型的示意图如图 7 - 3 所示[12]。为了评估模型的有效性，模型在 5 个现实世界的网络中进行了实验。实验结果表明，InfGCN 在识别最具影响力的节点方面明显优于基线方法。

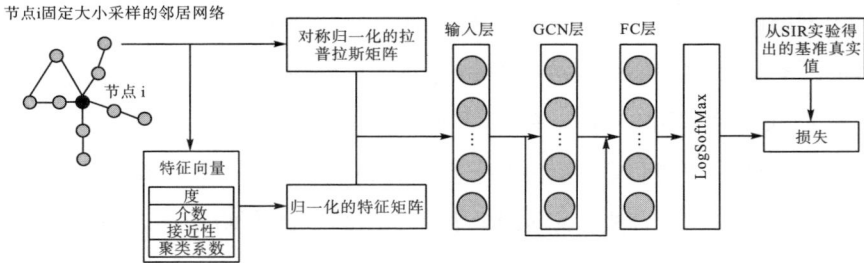

图 7 - 3　InfGCN 模型示意图

　　Fan 等人研究了图神经网络在识别高介数中心性节点方面的能力[13]。为降低在大型网络中识别高介数中心性的复杂性，他们提出基于图神经网络的排序模型 DrBC（deep ranker for BC）。采用编码器 - 解码器框架，将任务转化为学习问题。编码器将每个节点映射到一个嵌入向量，该向量捕获与介数中心性计算相关的基本结构信息，解码器将嵌入向量映射到介数中心性排名分数。

　　进一步的，Fan 等人提出了一种识别网络关键节点的深度强化学习框架 FINDER[14]。强化学习是机器学习三种范式中的一种，它与其他范式的区别之处在于实时的奖励，其学习过程为：智能体根据初始策略，决定采取何种行动，外界环境会根据智能体的行动为其提供奖励，智能体基于奖励调整策略，以此迭代提升智能体的决策力。FINDER 的主要步骤如下：①根据网络结构建立算法，在有限的计算中找出应该去掉的节点；②依次去掉这些节点；③去掉节点后，按照定义的网络连通性评价方式得到网络连通性的改变。FINDER 不需要特定领域的知识，只需网络的度异质性信息，就能够针对特定应用场景，仅在小型合成网络上进行一次离线自我训练，实现关键节点识别。实验结果表明，FINDER 能高效寻找到保持网络连通的关键节点。

　　Kim 等人最近提出 InfluencerRank 算法，通过图卷积关注递归神经网络识别社交媒体中有效的有影响力者[15]。考虑到以往的研究没有对有影响力者的发帖行为、帖子特征和社交网络行为进行联合和全面的建模，该算法根据社交媒体网红的发布行为和社会关系随时间的变化，对有影响力者进行排名。为了表征网红的发帖行为和社会关系，应用图卷积神经网络对不同历史时期的异质网络网红进行建模。通过学习嵌入节点特征的网络结构，运用 Influ-encerRank 算法可以得到每个时期有影响力者的信息表示，最终通过捕获影响者表征随时间的动态信息将高影响力者与其他影响者区分开来。

7.2　网络传播中最有影响力的传播者识别

由于网络结构和个体特征的异质性，网络中存在少量的关键节点能更大程度地影响传播的速度和范围[16]。识别网络传播中最有影响力的节点（也称最有影响力的传播者）是控制网络传播的关键步骤之一。最有影响力的传播者识别研究大多基于单层复杂网络。一方面，研究人员基于复杂网络的中心性，如 $k-$ 壳中心性、接近中心性、特征向量中心性、H 指数等，以及路径、分形维数、结构环等结构特性，提出各种最有影响力节点识别算法，显著提高了最有影响力节点识别的准确性。另一方面，除中心性外，渗流、消息传递、马尔科夫链、随机游走以及机器学习方法被用于排序和计算节点影响力，识别最有影响力的传播者[17,18]。

随着研究的深入，对最有影响力节点识别的研究逐渐由单层网络转向更复杂的网格结构，如多层网络和高阶网络。多层网络的各层具有不同的结构，且层间具有各种耦合作用。高阶网络中存在超越点对交互的高阶交互特性，如集群性和时序性。上述特性使识别多层网络与高阶网络中最有影响力节点更为复杂。多层网络与高阶网络中识别最有影响力节点最常见的方法是对单层网络中心性进行扩展，如多层网络的特征向量中心性、介数中心性与多路 PageRank 算法，高阶网络的特征向量中心性、超度中心性与超核分解等。除扩展单层网络中心性，一些其他中心性指标也被提出，如多层网络上考虑层间结构与交互的耦合敏感中心性，高阶网络上区分节点在不同尺寸超边重要性的向量中心性等。与单层网络相比，多层网络与高阶网络中最有影响力节点识别研究目前相对较少。

7.2.1 单层网络上最有影响力的传播者识别

最有影响力的传播者识别研究最初基于单层复杂网络。2010 年，Kitsak 等人的研究发现，最有影响力的传播者不是拥有最多连接的个体（即度最大的节点），而是通过 k-壳分解得到的网络核心[19]。图 7-4（a）是一个简单网络上的 k-壳分解过程，度中心性相同的节点可能处于网络不同的壳层。图 7-4（b）至图 7-4（d）分别比较了三类节点（大度值与大 k-壳值的节点 A、小度值与大 k-壳值的节点 C、大度值与小 k-壳值的节点 B）作为传播源时，对整个网络的影响。图中深色部分表示节点被感染的概率（感染概率小于 25% 的节点未被统计）。节点 A 与节点 C 作为传播源时的传播影响范围接近，而节点 B 传播影响范围明显较小，表明 k-壳中心性比度中心性能更准确地评估节点的传播影响力[19]。

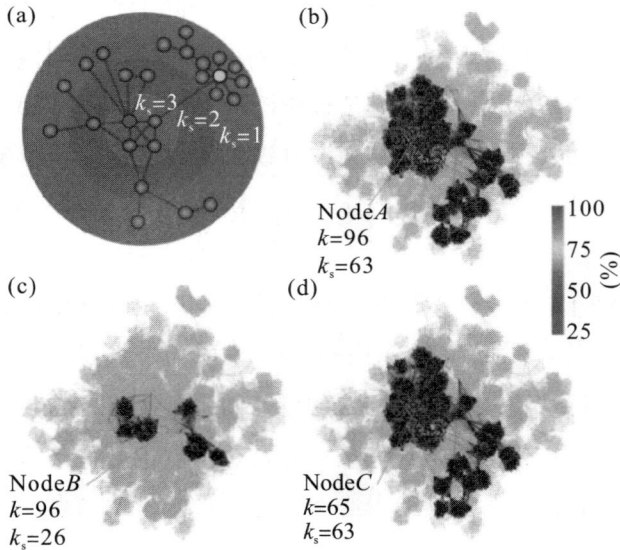

图 7-4　基于 k-壳中心性的最有影响力节点识别

通过不准确性函数，可以计算中心性识别最有影响力传播者的准确性。不准确性函数值越低，表明该中心性预测节点传播影响力越准确。以计算 k-壳值 k_s 的不准确函数为例，$\varepsilon_{k_s}(p)$ 定义为

$$\varepsilon_{k_s}(p) = 1 - \frac{M_{ks}}{M_{eff}}, \qquad\qquad (7-3)$$

其中 M_{ks} 是 k_s 值排序在前的 pN 个节点的平均传播影响力，M_{eff} 是实际传播影响力排序在前的 pN 个节点的平均传播影响力，N 是网络中节点数，p 是参与计算的节点占网络节点总数的比例，$0 < p < 1$。$\varepsilon_{k_s}(p)$ 越小，表明 k_s 预测最有影响力的传播者越准确。类似地，用 $\varepsilon_k(p)$ 和 $\varepsilon_{C_B}(p)$ 表示度与介数的不准确函数。图 7-5 表明，$k-$ 壳值预测节点传播影响力的准确性高于度 k 和介数 C_B[19]。

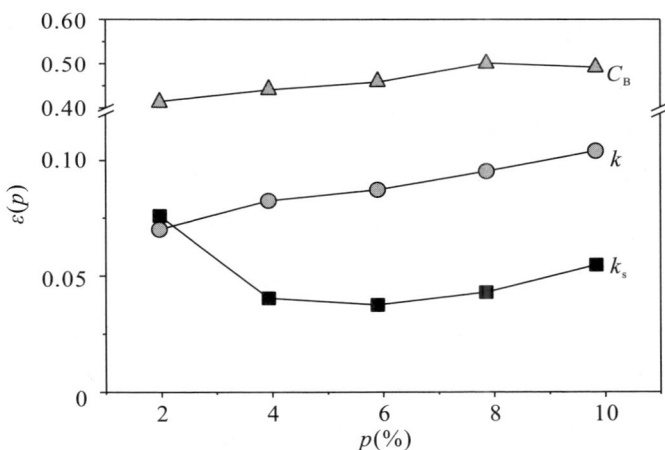

图 7-5　CNI 网络上 $k-$ 壳中心性、度与介数中心性的不准确函数比较

基于 $k-$ 壳中心性的方法存在一些缺陷。如当缺乏完整的网络结构时，无法对网络进行 $k-$ 壳分解。对于树状网络和 BA 网络，大量节点拥有相同 $k-$ 壳值，难以用它来区分节点的影响力。为了提高识别关键节点的准确率，Chen 等人提出半局部中心性，不仅考虑中心节点的最近邻数目[20]，还考虑邻居的最近邻与次近邻数目。考虑到局部的聚类对传播呈现负面影响，作者进一步提出 ClusterRank 算法[21]。该算法不仅考虑邻居数目和邻居的影响力，同时还考虑聚类系数。Zeng 等人在 $k-$ 核分解的基础上，提出了混合度分解[22]。混合度分解同时考虑节点的剩余度与耗尽度（即分解过程中节点减少的度），使获得的指标能更准确地预测节点传播影响力。Joonhyun 等人提出邻居核心

性，定义为节点最近邻居的核心性之和[23]。Liu 等人发现在一些真实网络中存在"伪核"，"伪核"中的节点核心性较高但并不是最有影响力的传播者[24]。他们提出一种基于链路熵的方法，可以有效区分网络中的"真核"与"伪核"。Wang 等人从信息扩散角度出发，考虑移除单个节点对网络平均最短路径的影响，造成的影响越大，则被移除节点的传播影响力越大[25]。此外，H - 指数、带权的核分解算法、复杂中心性等方法被提出，用以识别最有影响力的传播者[26-28]。

除基于中心性的方法外，一些学者结合数学理论和传播动力学过程计算节点传播影响力。Min 将 SIR 传播过程映射到渗流过程，采用消息传递方法计算单个节点导致的平均爆发规模，用于评估节点的传播影响力[29]。研究表明单个节点导致流行病爆发的概率与种子的初始位置相关，但爆发后的爆发规模与种子的选取无关。该方法的主要过程如下。定义链路上发生感染事件的概率为 T，表示一个感染节点在它恢复前感染其邻居的概率。$T = 1 - e^{-\beta\tau}$，β 为疾病传播速率，τ 为恢复速率。对应于渗流过程，概率 T 对应于边的占据概率，最大渗流簇大小对应于疾病最终爆发规模。定义 H_{ij} 为节点 i 不通过与节点 j 间的链路导致流行病爆发（即不连向最大渗流簇）的概率，则

$$H_{ij} = 1 - T + T \prod_{k \in \partial j \setminus i} H_{jk}, \qquad (7-4)$$

其中，$\partial j \setminus i$ 表示节点 j 除节点 i 之外的邻居集合，$1 - T$ 表示该链路未被占据，$T \prod_{k \in \partial j \setminus i} H_{jk}$ 表示该链路被占据，但节点 j 为未通过除 i 之外的邻居连向最大渗流簇。节点 i 作为初始传播源时，若节点 i 通过任意邻居节点连向最大渗流簇，则会导致流行病爆发。因此节点 i 导致流行病爆发的概率为

$$P_i = 1 - \prod_{j \in \partial i} H_{ij}, \qquad (7-5)$$

其中 ∂i 为节点 i 的邻居集。当 T 小于爆发阈值，P_i 为 0。从渗流的角度来说，P_i 是随机选择的节点属于巨组件的概率。节点 i 导致的流行病爆发规模 S_i 为

$$S_i = \frac{1}{N}\left(1 + \sum_{j=1, j \neq i}^{N} P_j\right). \qquad (7-6)$$

节点 i 作为种子导致的平均爆发规模 ρ_i 为

$$\rho_i = P_i S_i. \tag{7-7}$$

式中平均爆发规模ρ_i表示了节点i的传播影响力。在合成网络与真实网络上的实验表明，消息传递方法的理论计算结果与计算机仿真结果吻合。

　　上述消息传递方法能准确地识别最具影响力的传播者，并表明计算节点影响力应同时考虑网络结构和传播过程。Bauer 等人在确定初始传播源时，计算给定路径长度下该初始源节点可能感染的节点数量[30]。Liu 等人同时考虑网络结构与传播特性，提出动力学敏感中心性[31]。Ma 等人将度中心性与传播概率结合[32]、Chen 等人利用节点多阶邻居的概率分数[33]来度量节点传播影响力。Lin 等人基于马尔可夫过程计算节点i最为初始源时，在时间t内感染的节点数目，并用于评估节点传播影响力[34]。上述方法在一些真实网络中能较准确地识别最有影响力的传播者。

7.2.2　多层网络上最有影响力的传播者识别

　　多层网络由于各层结构差异与多个传播过程的耦合，最有影响力传播者的识别更为复杂。Zeng 等人基于信息—疾病耦合传播模型研究多层网络中最有影响力的传播者识别[35]。该传播模型中，上层（A 层）传播信息，采用 SIR 传播模型描述。下层为接触层（B 层）传播流行病，采用 SIRV 传播模型描述。SIRV 模型在 SIR 模型上增加了接种态（V），处于 V 态的节点将不被流行病感染。两层动力学耦合如下：信息层处于 I 态的节点i_A，若在接触层的副本i_B处于 S 态，则i_B会以速率λ_{AB}接种疫苗变为 V 态。接触层处于 I 态的节点i_B，若在信息层的副本i_A处于 S 态，则i_A以速率λ_{BA}转变为到 I 态。具体过程如图 7-6 所示[35]。

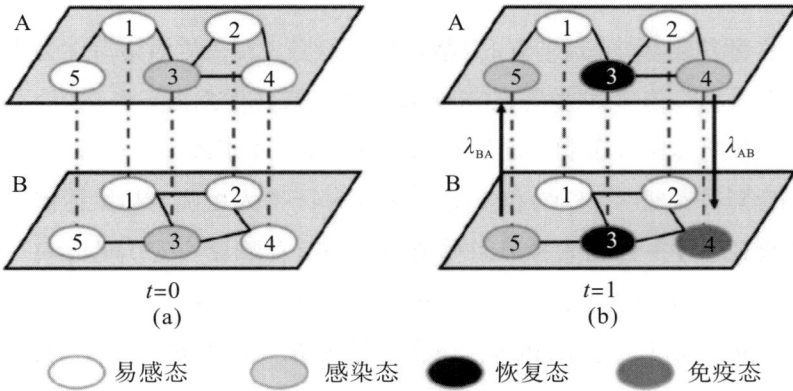

易感态　　　感染态　　　恢复态　　　免疫态

图 7 - 6　信息—疾病耦合传播模型

由于层间耦合作用，在信息层传播能力较大的节点，其在接触层的传播影响力将受到明显抑制。Zeng 等人提出耦合敏感中心性（Coupling sensitive centralty），定义为

$$CS_i^\theta = \theta_i^B - \theta_i^A \lambda_A \lambda_{AB} + \theta_i^B \lambda_B \lambda_{BA}, \tag{7-8}$$

其中，λ_A 和 λ_B 分别为信息层和疾病层的传播速率，λ_{AB} 和 λ_{BA} 分别代表上层对下层、下层对上层的影响强度。θ 为任意的基本中心性，如度中心性（k）、k-壳中心性（k_s）、特征向量中心性（e_B）、PageRank（PR）等。图 7 - 7 对比了接触层（B 层）节点的基本中心性与耦合敏感中心性（CS）方法识别最有影响力的传播者的准确性[35]。结果表明耦合敏感中心性的排序准确性优于基准中心性，说明在排序多层网络中节点传播影响力时，不能忽视层间的耦合作用。

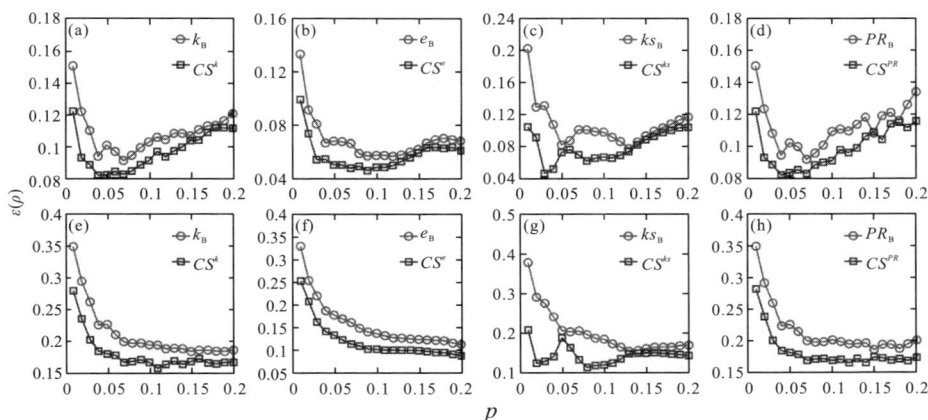

图 7 - 7　基准中心性和耦合敏感中心度的不准确函数比较

在多层网络上最有影响力的节点识别研究中，Zhao 等人引入了传播参数，将节点在两层的中心性与传播参数耦合为一个新的指标，以预测节点在多层网络中协同传播时的影响力[36]。Basaras 等人提出一组强社区指数（power community index），利用节点在层内的局部邻居信息、层内和层间的连接密度，度量多层网络中最有影响力的传播者。Liu 等人研究信息–疾病耦合传播中最有影响力的节点识别，通过将耦合传播过程映射到渗流，利用消息传递方法计算单个节点引起的爆发规模，作为影响力评估的依据[38]。

7.2.3　高阶网络上最有影响力的传播者识别

复杂网络仅考虑点对间的交互，而现实中节点间还具有集群、时序、多层等高阶交互特性。单纯复形和超图是两种具有集群交互特性的高阶网络[39]。识别高阶网络中最有影响力的传播者时，简单的做法是对复杂网络上的中心性方法进行扩展。Jiao 等人中提出超图中基于路径的中心性来识别有影响力的传播者[40]。Mancastroppa 等人提出超核分解算法，实验表明超核节点具有最强的传播能力，且传播范围集中在中央超核内[41]。Xie 等人提出基于重力模型的节点中心性，可以识别具有快速传播能力且对于超图的连接性至关重要的节点[42]。Zhang 等人基于 SIR 模型，研究单纯复形上的影响力最大化问题，提出自适应集体影响力算法[43]。

李江等人基于单纯复形上的 SIR 模型，提出"传播中心性"用于预测高阶网路中节点的传播影响力[44]。在单纯复形上的 SIR 传播中，个体可处于三种状态：易感态（Susceptible，S）、感染态（Infected，I）或恢复态（Recovered，R）。在每个时间步，I 态个体以一定速率感染其 S 态邻居，并自发恢复为 R 态。在单纯复形上，沿着 1 阶单纯形（连边）和 2 阶单纯形（三角面）都将发生感染事件。图 7-8 展示了单纯复形上个体感染与恢复的过程。传播参数 β_1 表示 1 阶单纯形感染 S 态邻居的速率，β_2 表示 2 阶单纯形感染 S 态成员的速率，μ 表示 I 态个体的恢复速率。图 7-8（a）至图 7-8（g）表示 S 态个体通过 1 阶单纯形以速率 β_1 被感染。图 7-8（h）中，S 态个体不仅通过 1 阶单纯形被感染，同时通过 2 阶单纯形以速率 β_2 被感染。当且仅当 2 阶单纯形中的两个节点同时处于感染态时，2 阶单纯形才能感染其第三个成员。在图 7-8（i）和图 7-8（j）中，三个节点虽形成"满"三角面，但其中只有一个节点被感染，疾病无法通过 2 阶单纯形传播。

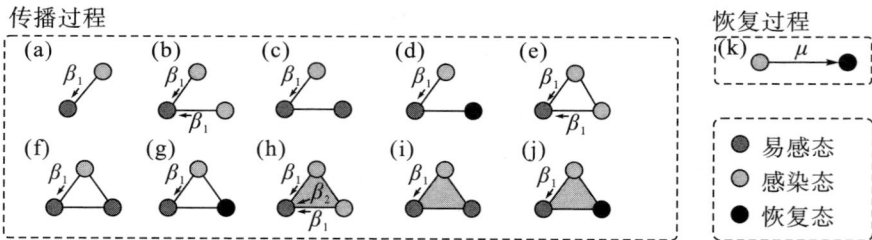

图 7-8　单纯复形上的 SIR 模型

单纯复形上的 SIR 传播模型可利用微观马尔可夫方程描述。李江等人使用微观马尔可夫方程求解稳态时各节点被感染的概率 p_i^R，并将其定义为传播中心性，用于评估节点传播影响力。由于流行病通过接触传播，疾病将优先到达拥有更多接触的个体，表现出更高的被感染概率。一旦这些个体被感染，他们也更有可能将流行病传播出去，造成大规模感染。定义 p_i^X 为 t 时刻节点 i 处于 X 状态的概率，$X \in \{S, I, R\}$。例如 p_i^S 表示 t 时刻节点 i 处于 S 态的概率。定义 $q_i(t)$ 为 t 时刻节点 i 没有被感染的概率，有

$$q_i(t) = \prod_{j \in \Gamma_i} (1 - \beta_1 p_j^I(t)) \prod_{k,l \in \Delta_i} (1 - \beta_2 p_k^I(t) p_l^I(t)). \qquad (7-9)$$

其中，Γ_i 表示包含节点 i 的 1 阶单纯形集合，Δ_i 表示包含节点 i 的 2 阶单纯形集合。节点处于不同状态的概率随时间 t 的演化方程组可写为

$$\begin{cases} p_i^{S}(t+1) = p_i^{S}(t)\, q_i(t), \\ p_i^{I}(t+1) = p_i^{S}(t)(1-q_i(t)) + p_i^{I}(t)(1-\mu), \qquad (7-10) \\ p_i^{R}(t+1) = 1 - p_i^{S}(t+1) - p_i^{I}(t+1). \end{cases}$$

上述演化方程组中，第一个方程表示节点 i 在 t 时刻处于 S 态且未被感染，在 $t+1$ 时刻仍处于 S 态的概率。第二个方程右边第 1 项表示节点 i 在 t 时刻处于 S 态且被感染，在 $t+1$ 时刻处于 I 态的概率；第 2 项表示节点 i 在 t 时刻处于 I 态且未恢复，在 $t+1$ 时刻仍处于 I 态的概率。第三个方程由节点处于 S 态、I 态与 R 态的概率之和为 1 的性质所得。初始时设置

$$p_i^{S}(0) = 1 - \frac{1}{N},\ p_i^{I}(0) = \frac{1}{N},\ p_i^{R}(0) = 0,$$

N 为网络中节点数目。迭代上述方程组至收敛，获得各节点被感染而处于 R 态的概率 p_i^{R}。

接下来在两类合成网络，即随机单纯复形网络（Random simplicial complex，RSC）和无标度单纯复形网络（Scale-Free simplicial complex，SFSC），与四个真实网络数据集，即工作场所（InVS15）、医院（LH10）、会议（SF-HH）与高中（Thiers13）上展开实验。实验结果表明，相较于几种基准中心性，传播中心性（SC）能更准确地预测高阶传播中节点的传播影响力。图 7-9 展示了节点传播中心性与节点实际传播影响力的散点图[44]，由图可以看出，传播中心性与节点实际传播影响力高度正相关。图 7-10 展示了几种中心性的不准确性函数的对比[44]。在所有网络上，传播中心性（SC）的不准确函数值低于 0.02，且在多数网络上低于简单网络上最优的集体影响中心性（CI）和非回溯中心性（NB），也低于高阶网络上的度中心性（Deg）和特征向量中心性（EVH）。

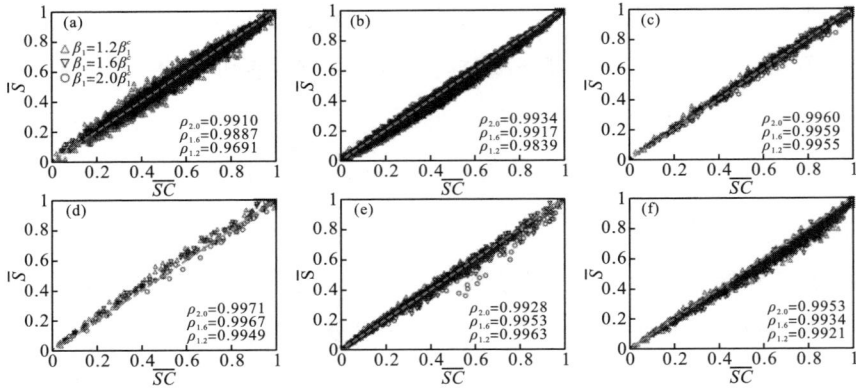

图 7-9　节点传播中心性与传播影响力的散点图

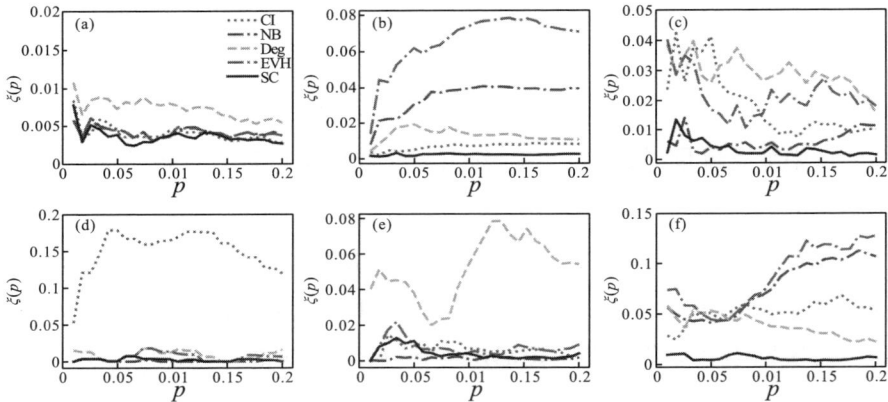

图 7-10　六个高阶网络中各中心性的不准确函数

7.3　复杂网络在 COVID-19 传播建模中的应用

2019 年末，新型冠状病毒引发肺炎疫情，在全球范围内造成大量人口感染和死亡，对经济、教育、旅游、食品供应等造成了巨大影响。为应对新冠肺炎疫情，各国政府采取了各种干预措施，如封控、核酸检测、追踪隔离和接种疫苗等[45-51]。这些干预措施对新冠肺炎的传播起到了显著的抑制作用。当政府制定相关政策时需要考虑一些复杂的具体问题。例如，面对不同的疫情演化态势，该如何选择不同的干预措施？这些政策会如何定量影响流行病传播？仅凭经验难免会做出错误的判断和决策，从而错过疫情防控的最佳时机。在与传染病作斗争的过程中，人们发展了流行病学，其目的是研究流行病传播的时空分布及其影响机制，通过建立流行传播的数学模型预测传播态势，为制定和评估防控策略提供理论依据。

真实世界的各种网络，如人际接触网络和交通运输网络，在流行病传播中起到非常重要的媒介作用。因此，基于复杂网络的流行病传播动力学成为网络科学领域重要的研究课题。新冠疫情暴发以来，研究人员运用网络传播动力学理论构建多种数学模型来描述疫情的扩散过程。建模工作的核心问题有两个：一是模型的准确性。科学家们希望模型能够准确描述流行病传播过程。简单的建模可以快速估计疫情发展态势，但其准确性不足；复杂的建模能够更精准地给出预测结果，然而存在数据难以获取和计算较慢导致的时效性等问题。二是模型的普适性。由于新冠病毒的全球大流行和快速变异特征，科学家希望建立一套能够适应于不同地区、不同阶段、不同毒株和不同传播场景的模型。本节介绍近年来基于复杂网络的 COVID－19 传播建模工作，分析不同网络建模工作的现状和不足之处，并提供对未来研究问题的参考。

7.3.1　均匀混合网络

1927 年，Kermack 和 Mckendrick 在研究黑死病时提出了著名的 SIR "仓室模型"，并于 1932 年提出 SIS 模型。在此后的几十年，几乎所有相关研究都依赖于上述模型的核心假设，即系统中个体之间的接触是均匀混合的[52]。经典流行病理论中一个重要的概念是基本再生数 R_0，它定义为在完全易感人群中单个感染态个体在其感染期间产生的继发感染的数量。当 $R_0 > 1$ 时，疾病能够传播并影响有限部分的人口；当 $R_0 < 1$ 时，疾病会逐渐消失。在 SIS 和 SIR 模型中，很容易得到 $R_0 = \beta/\mu$。

在 COVID－19 疫情早期的预测中，大量的研究采用了仓室模型。如 Anand 等人使用 SIR 模型预测自 2020 年 3 月起在印度实施的封锁策略的影响[53]。Chatterjee 等人使用 SEIR 模型研究 2020 年 3 月印度疫情对医保系统的影响，评估了保持社交距离和封锁措施对流行病的控制效果[54]。这些研究表明，在疫情早期封锁城市、限制人流和隔离感染个体等非药物干预措施可以有效减缓 COVID - 19 的传播速度，使其由指数级增长变为亚指数级增长[55]。仓室模型相关的参数也可以随时间或场所变化，以匹配当地干预措施或流行病特征的变化，从而给出更合适的控制策略[56,57]。

7.3.2　静态网络、动态网络和自适应网络

7.3.2.1　静态网络

在真实的社会系统中，人群之间的接触模式并不是均匀混合的，如感染者与其他人的接触概率并不相等。均匀混合的假设显然无法描述人际间真实的接触模式。静态网络能在一定程度上刻画人际接触网络结构及其特征。这种网络由节点和边组成，其中节点代表个体，边表示它们之间的接触关系。交通网络、社交网络等实际网络上的流行病传播过程被广泛研究。例如，Zaplotnik 等人考虑了社交网络拓扑结构在 COVID - 19 传播中的作用[58]。研究发现，密切的社交联系和短距离的传播路径可能令 COVID - 19 更容易传播。一些研究结合了流行病干预策略研究基于网络的疾病传播。例如，Liu 等人建立人口流动网络捕捉 COVID - 19 传播的演变，量化旅行限制对减少 COVID - 19 确诊病例数量的有效性[46]。Firth 等人研究了多种大规模非药物干预措施（如隔离、封锁、保持社交距离等）对 COVID - 19 传播的影响，探讨了如何在保护公共健康的同时，减少经济和社会方面的损失[59]。随着全球疫情的逐步缓解，疫情后的预防和控制策略研究也日益受到关注。

7.3.2.2　动态网络

静态网络假设连边的变化速率远小于网络上传播动力学过程的演化速率。然而，在真实世界中，个体接触对象的变化速率是相对较快的，例如社交网络连边的变化与节点间的感染过程通常同时进行。新连接的产生和已有连边的消失，消失对动力学过程带来的效应难以忽视[60]。通过添加或删除节点和连边，动态网络可以反映不断变化的个体接触网络。

动态网络包括微观尺度上的基于个体的接触网络模型（Agent-based model）和宏观尺度上的集合种群模型（Meta-population model）。基于个体的动态接触模型通常结合基于个体的控制措施，例如佩戴口罩、追踪隔离、核酸检测等，通过预测感染人数来评估这些策略的有效性。例如，Cuevas 提出以自组织方式移动和交互的动态网络模型，来评估设施内的 COVID－19 传播风险[61]。Nishi 等人使用具有一定接触效率的弱连边描述不断变化的物理接触过程，建立基于个体的动态接触网络模型，探讨既能保证经济活动又能减少疾病传播的干预措施。结果表明，将人群隔离为多个子种群的策略可以有效控制流行病传播（$R_0 \approx 1.0$）[62]。

动态网络也可以与集合种群模型相结合，根据人口迁移数据或交通流量数据来建模交通网络的动态变化过程，研究流行病在大尺度空间中的传播[63]。这类模型考虑各国或地区的人口特征、流动性[64]、地理位置[65]、经济[66]和气象因素[67]等，并结合国际和国内限制旅行、机场检疫和落地隔离等策略[68-70]，以研究流行病在全球各国和地区的传播态势。Stipic 等人提出考虑流动限制和检疫的集合种群模型，预测克罗地亚疫情的传播过程。结果表明，该地区第三波疫情是由检疫的不当行为和流动率增加导致[71]。Chu 等人使用 164 个国家和地区的 COVID－19 病例数据，将感染人数相关性高的国家或地区两两相连，构建以国家或地区为节点的网络模型，研究和量化封锁、旅行限制和其他措施在降低各国传播风险方面的有效性。结果表明，限制航空旅行的措施可以有效降低流行病大流行的风险[72]。

7.3.2.3　自适应网络

一般动态网络中，网络连边的改变独立于其上的动力学过程。然而在许多现实场景中，网络的结构与功能随时间共同演化[73]。例如，当流行病传播时，易感态个体会通过自发地采取避免与患病个体之间的接触、接种疫苗或者对环境消毒等行为，从而改变其接触网络的结构，减小传播速率，抑制流行病的扩散。这种节点具有自适应机制的网络被称为自适应网络。

COVID－19 大流行表明，人类行为是影响疾病传播的重要因素。Corcoran

等人通过激活或删除连边来刻画保持社交距离这一干预措施[74]。Chang 等人提出由城际旅行网络、社区出行网络和人口接触网络组成的三层自适应网络传输模型，研究发现控制疫情最有效的措施是出行限制[75]。Li 等人将个体的自适应保护行为和疫苗接种的作用参数化，建立一套延迟差分系统，模拟人群的动态感染过程。结果表明，人们的自适应保护行为和疫苗接种率是预防COVID－19 感染的关键因素[76]。

基于自适应网络的流行病传播研究仍有一些不足。一方面，一些可能对自适应网络结构变化造成较大影响的因素尚未被考虑，如个体的异质性和地区差异性等。另一方面，现有的模型中的自适应规则，如连向感染个体的节点断边后立刻重连到网络中随机选择的健康个体，可能与现实不符。如何构建更符合现实的自适应机制以描述个体的自适应行为是自适应网络的一个研究方向。

7.3.3 时序和多层网络

7.3.3.1 时序网络

在大多数数据驱动的网络研究中，节点间的相互作用在时间维度上通常被假定为均匀的。然而，对于大量的真实系统来说，互动事件在时间上是高度异质的，显示出阵发性（即事件的间隔时间分布接近幂律）、记忆性和周期性[77]。在过去的十余年里，学者们运用时序网络理论框架研究了流行病传播动力学。研究发现，事件间隔时间的异质性会显著抑制流行病的扩散。在应对 COVID－19 时，政府采用限制社交距离和接触追踪等措施，这意味着个体间的接触强度随时间变化且具有时序性。因此，许多学者使用时序网络框架研究非药物干预措施的有效性。Abbey 等人提出时序网络模型，评估保持社交距离策略对 COVID－19 传播的影响[78]，发现这一策略只在大流行的早期阶段或对传播速率较慢的疾病有效。Landry 等人提出一种时间关联平均场模型，描述感染者的传染性随时间的变化[79]。研究表明，若感染者的传染性随时间变化较快，则疫情传播速度会更慢。Parino 等人采用意大利的 COVID－19 疫情数据，构建基于时序网络的集合种群模型，评估了保持社交距离和旅行限制对疫情的防控效果[80]。Zhang 等人构建了基于时序网络的流行病传播模型来评估限制接触策略。研究发现，相比随机限制，限制接触次数少、疾病传播早期节点间的接触能够更好地缓解疫情[81]。时序网络模型需要及时获取完整准确的时序数据以描述个体活动的时间模式。随着计算机技术的发展，许多原本难以获取的数据能够被研究者及时获取，有利于推进基于网络的相关研究。

7.3.3.2 多层网络

多层网络由多个单层网络耦合而成，每个网络层对应一个子系统，不同网络层之间存在复杂的相互作用。科学家运用多层网络理论方法研究复杂人类社会中的 COVID - 19 的传播过程。

一些学者构建了具有不同接触模式的多层网络上的疾病传播模型。他们将人类的活动场所细分为家庭、工作场所、学校和社区，可以更为细致地描述多元化的个体接触网络[82]。Kucharski 等人基于英国 BBC 的大流行数据集构建四层网络模型来模拟与评估隔离高风险个体追踪密切接触者和大规模随机核酸检测策略的效果[83]。结果表明，隔离和追踪相结合的策略比单独的大规模检测或自我隔离更有助于抑制传播。Sanchez 等人构建了由家庭网络、社会网络和零星网络组成的多层网络，其中家庭层和社会层为静态网络，而零星网络层为每日发生变化的动态网络，对应可能的随机接触过程[84]。基于此模型，他们评估三种场景下干预措施对减少病例的影响。Chen 等人提出将固定社会联系网络与时变流动网络相结合的多层网络模型，并以中国两个城市的 COVID - 19 疫情为案例定量评估了非药物干预（non-pharmaceutical intervention，NPI）的效果。发现 NPI 的覆盖率和持续时间与疫情缓解效果之间存在强相关性[85]。Bongiorno 等人提出时变多层网络模型，评估疫苗接种期间在法国开放学校的政策[86]。研究发现，在一定的接种覆盖率下，适当开放学校可以在控制疫情的传播的同时减轻对社会和经济的影响。

流行病传播过程中，不同地区间人口的迁移是影响传播演变一个非常重要的因素。Li 等人提出基于多层交通网络的流行病传播模型，模拟了 COV-

ID－19 在中国部分城市的传播态势[87]。他们将中国 340 多个地级市之间的公共交通系统构建为多层网络，不同层代表不同的交通工具（如航空、铁路、水路、公共汽车）。此外，疾病相关信息的传播会影响人们的行为模式，从而对疾病的传播起到促进或抑制效果。Zeng 等人构建了多层通勤集合种群模型，以评估在城市中采取非药物干预措施对控制流行病传播的作用[88]。Kabir 等人研究了在两层结构各异的双层网络中，信息对疾病传播的影响，结果表明当社交网络的联系比物理接触网络的联系更加紧密时，则疾病传播就会更少[89]。Wang 等人为研究无症状感染和自我意识对疾病传播动态的影响，提出多层网络的疾病－意识模型[90]。

使用多层网络来研究疾病传播也存在一些局限性，如难以获取准确、全面的数据，多层网络模型的复杂性导致计算效率低等。因此，揭示影响流行病传播态势的关键因素并构建合理而简洁的模型是值得继续探索的问题。

习题七

1. 举例说明如何用机器学习方法解决复杂网络中的问题。

2. 最有影响力节点识别的工作目前还存在哪些问题？从哪些角度能够将这一领域的工作做得更为深入？请调研文献并给出建议。

3. 试归纳利用网络科学方法对新冠流行病进行传播建模的主要思路和模式。

参考文献

[1] Perozzi B, Al-Rfou R, Skiena S. DeepWalk：Online learning of social representations [C]. In Proceedings of the 20th ACM SIGKDD international conference on Knowledge discovery and data mining，2014，701－710.

[2] Grover A, Leskovec J. Node2vec：Scalable feature learning for networks [C]. In

SIGKDD 2016, 855 – 864.

[3] Bruna J, Zaremba W, Szlam A, Lecun Y. Spectral networks and locally connected networks on graphs [C]. In Proceedings of the International Conference on Learning Representations, 2014.

[4] Defferrad M, Bresson X, Van dergheynst P. Convolutional neural networks on graphs with fast localized spectral filtering [J]. In Advances in Neural Information Processing Systems, 2016, 3844-3852.

[5] Kipf T N, Welling M. Semi-supervised classification with graph convolutional networks [J]. arXiv preprint, 2016, arXiv: 1609. 02907.

[6] Chen Y, Wu L, Zaki M J. Iterative deep graph learning for graph neural networks: Better and robust node embeddings [C]. In Advances in Neural Information Processing Systems, 2020, 33, 19314 – 19326.

[7] He X, Deng K, Wang X, et al. LightGCN: Simplifying and powering graph convolution network for recommendation [C]. In Proceedings of the 43rd International ACM SIGIR Conference on Research and Development in Information Retrieval, 2020, 639 – 648.

[8] Wang X, Jin H, Zhang A, et al. Disentangled graph collaborative filtering [C]. In Proceedings of the 43rd International ACM SIGIR Conference on Research and Development in Information Retrieval, 2020, 1001 – 1010.

[9] Koren Y, Bell R, Volinsky C. Matrix factorization techniques for recommender systems [J]. Computer, 2009, 42 (8): 30 – 37.

[10] Wang X, He X, Wang M, et al. Neural graph collaborative filtering. In Proceedings of the 43rd International ACM SIGIR Conference on Research and Development in Information Retrieval, 2019, 165 – 174.

[11] Yu E-Y, Wang Y-P, Fu Y, et al. Identifying critical nodes in complex networks via graph convolutional networks [J]. Knowledge-Based Systems, 2020, 198: 105893.

[12] Zhao G, Jia P, Zhou A, et al. InfGCN: Identifying influential nodes in complex networks with graph convolutional networks [J]. Neurocomputing, 2020, 414: 18 – 26.

[13] Fan C, Zeng L, Ding Y, et al. Learning to identify high betweenness centrality nodes

from scratch：A novel graph neural network approach ［C］．In Proceedings of the 28th ACM International Conference on Information and Knowledge Management，2019，USA，559－568．

［14］ Fan C，Zeng L，Sun Y，et al．Finding key players in complex networks through deep reinforcement learning ［J］．Nature Machine Intelligence，2020，2：317－324．

［15］ Kim S，Jiang J-Y，Han J，et al．InfluencerRank：Discovering effective influencers via graph convolutional attentive recurrent neural networks ［C］．In Proceedings of the Seventeenth International AAAI Conference on Web and Social Media，2023，482－493．

［16］ Nielsen B F，Simonsen L，Sneppen K．COVID－19 Superspreading suggests mitigation by social network modulation ［J］．Physical Review Letters，2021，126：118301．

［17］ Lü L，Chen D，Ren X L，et al．Vital nodes identification in complex networks ［J］．Physics Reports，2016，650：1－63．

［18］ Pei S，Morone F，Makse H A．Theories for influencer identification in complex network ［J］．Complex Spreading Phenomena in Social Systems，2018，Springer，Cham，pp．125－148．

［19］ Kitsak M，Gallos L K，Havlin S，et al．Identification of influential spreaders in complex networks ［J］．Nature Physics，2010，6（11）：888－893．

［20］ Chen D，Lü L，Shang M S，et al．Identifying influential nodes in complex networks ［J］．Physica A：Statistical mechanics and its applications，2012，391（4）：1777－1787．

［21］ Chen D B，Gao H，Lü L，et al．Identifying influential nodes in large-scale directed networks：The role of clustering ［J］．PloS One，2013，8（10）：e77455．

［22］ Zeng A，Zhang C J．Ranking spreaders by decomposing complex networks ［J］．Physics Letters A，2013，377（14）：1031－1035．

［23］ Bae J，Kim S．Identifying and ranking influential spreaders in complex networks by neighborhood coreness ［J］．Physica A：Statistical Mechanics and its Applications，2014，395：549－559．

［24］ Liu Y，Tang M，Zhou T，Do Y．Core-like groups result in invalidation of identifying super-spreader by k-shell decomposition [J]. Scientific Reports, 2015, 5: 9602.

[25] Wang S, Du Y, Deng Y. A new measure of identifying influential nodes: Efficiency centrality [J]. Communications in Nonlinear Science and Numerical Simulation, 2017, 47: 151 – 163.

[26] Lü L, Zhou T, Zhang Q, et al. The H-index of a network node and its relation to degree and coreness [J]. Nature Communications, 2016, 7: 10168.

[27] Liu Y, Tang M, Do Y, et al. Accurate ranking of influential spreaders in networks based on dynamically asymmetric link weights [J]. Physical Review E, 2017, 96: 022323.

[28] Guilbeault D, Centola D. Topological measures for identifying and predicting the spread of complex contagions [J]. Nature Communications, 2021, 12: 4430.

[29] Min B. Identifying an influential spreader from a single seed in complex networks via a message-passing approach [J]. The European Physical Journal B, 2018, 91: 1 – 6.

[30] Bauer F, Lizier J T. Identifying influential spreaders and efficiently estimating infection numbers in epidemic models: A walk counting approach [J]. Europhysics Letters, 2012, 99 (6): 68007.

[31] Liu J G, Lin J H, Guo Q, et al. Locating influential nodes via dynamics-sensitive centrality [J]. Scientific Reports, 2016, 6 (1): 21380.

[32] Ma Q, Ma J. Identifying and ranking influential spreaders in complex networks with consideration of spreading probability [J]. Physica A: Statistical Mechanics and its Applications, 2017, 465: 312 – 330.

[33] Chen D B, Sun H L, Tang Q, et al. Identifying influential spreaders in complex networks by propagation probability dynamics [J]. Chaos: An Interdisciplinary Journal of Nonlinear Science, 2019, 29 (3): 033120.

[34] Lin J, Chen B L, Yang Z, et al. Rank the spreading influence of nodes using dynamic Markov process [J]. New Journal of Physics, 2023, 25 (2): 023014.

[35] Zeng Q, Liu Y, Tang M, et al. Identifying super-spreaders in information-epidemic coevolving dynamics on multiplex networks [J]. Knowledge-Based Systems, 2021, 229: 107365.

[36] Zhao D, Li L, Li S, et al. Identifying influential spreaders in interconnected networks [J]. Physica Scripta, 2013, 89 (1): 015203.

[37] Basaras P, Iosifidis G, Katsaros D, et al. Identifying influential spreaders in complex multilayer networks: A centrality perspective [J]. IEEE Transactions on Network Science and Engineering, 2017, 6 (1): 31 – 45.

[38] Liu Y, Zeng Q, Pan L, Tang M. Identify influential spreaders in asymmetrically interacting multiplex networks [J]. IEEE Transactions on Network Science and Engineering, 2023, 10 (4): 2201 – 2211.

[39] Lambiotte R, Rosvall M, Scholtes I. From networks to optimal higher-order models of complex systems [J]. Nature Physics, 2019, 15: 313 – 320.

[40] Jiao A, Zhou Y, Zhao S. Key nodes identification in hypergraph networks [C]. The 42nd Chinese Control Conference (CCC), IEEE, 2023, 875 – 880.

[41] Mancastroppa M, Iacopini I, Petri G, et al. Hyper-cores promote localization and efficient seeding in higher-order processes [J]. arXiv preprint, 2023, arXiv: 2301. 04235.

[42] Xie X, Zhan X, Zhang Z, et al. Vital node identification in hypergraphs via gravity model [J]. Chaos: An Interdisciplinary Journal of Nonlinear Science, 2023, 33: 013104.

[43] Zhang R, Wei T, Pei S. Influence maximization based on simplicial contagion model in hypergraph [J]. arXiv preprint, 2023, arXiv: 2306. 16773.

[44] 李江, 刘影, 王伟, 等. 识别高阶网络传播中最有影响力的节点 [J]. 物理学报, 2024, 73 (4): 048901

[45] SchlosserF, Maier B F, Jack O, et al. COVID – 19 lockdown induces disease-mitigating structural changes in mobility networks [J]. Proceedings of the National Academy of Sciences, 2020, 117 (52): 32883 – 32890.

[46] Liu J, Hao J, Sun Y, et al. Network analysis of population flow among major cities and its influence on COVID – 19 transmission in China [J]. Cities, 2021, 112: 103138.

[47] Lasser J, Sorger J, Richter L, et al. Assessing the impact of SARS – CoV – 2 prevention measures in Austrian schools using agent-based simulations and cluster tracing data

［J］. Nature Communications, 2022, 13 (1): 554.

［48］ Kerr C C, Stuart R M, Mistry D, et al. Covasim: an agent-based model of COVID - 19 dynamics and interventions ［J］. PLOS Computational Biology, 2021, 17 (7): e1009149.

［49］ Forde J E, Ciupe S M. Quantification of the tradeoff between test sensitivity and test frequency in a COVID - 19 epidemic-a multi-scale modeling approach ［J］. Viruses, 2021, 13 (3): 457.

［50］ Mizrahi B, Shilo S, Rossman H, et al. Longitudinal symptom dynamics of COVID - 19 infection ［J］. Nature Communications, 2020, 11: 6208.

［51］ Ward, I L, Robertson C, Agrawal U, et al. Risk of COVID - 19 death in adults who received booster COVID - 19 vaccinations in England ［J］. Nature Communications, 2024, 15: 398.

［52］ Pastor-Satorras R, Castellano C, Van Mieghem P, et al. Epidemic processes in complex networks. Reviews of modern physics, 2015, 87 (3): 925.

［53］ Anand N, Sabarinath A, Geetha S, et al. Predicting the spread of COVID - 19 using SIR model augmented to incorporate quarantine and testing. Transactions of the Indian National Academy of Engineering, 2020, 5 (2): 141 - 148.

［54］ Chatterjee K, Chatterjee K, Kumar A, et al. Healthcare impact of COVID - 19 epidemicin India: A stochastic mathematical model ［J］. Medical Journal Armed Forces India, 2020, 76 (2): 147 - 155.

［55］ Tang B, Wang X, Li Q, et al. Estimation of the transmission risk of the 2019 - nCoV and its implication for public health interventions ［J］. Journal of clinical medicine, 2020, 9 (2): 462.

［56］ Calafiore G C, Novara C, Possieri C. A time-varying SIRD model for the COVID - 19 contagion in Italy ［J］. Annual Reviews in Control, 2020, 50: 361 - 372.

［57］ He S, Peng Y, Sun K. SEIR modeling of the COVID - 19 and its dynamics. Nonlinear Dynamics, 2020, 101: 1667 - 1680.

［58］ Zaplotik Ž, Gavrić A, Medic L. Simulation of the COVID - 19 epidemic on the social network of Slovenia: Estimating the intrinsic forecast uncertainty. PloS One, 2020, 15

（8）：e0238090.

［59］ Firth J A, Hellewell J, Klepac P, et al. Using a real-world network to model localized COVID－19 control strategies ［J］. Nature Medicine, 2020, 26（10）：1616－1622.

［60］ Berner R, Gross T, Kuehn C, et al. Adaptive dynamical networks ［J］. Physics Reports, 2023, 1031：1－59.

［61］ Cuevas E. An agent-based model to evaluate the COVID－19 transmission risks in facilities ［J］. Computers in biology and medicine, 2020, 121：103827.

［62］ Nishi A, Dewey G, Endo A, et al. Network interventions for managing the COVID－19 pandemic and sustaining economy ［J］. Proceedings of the National Academy of Sciences, 2020, 117（48）：30285－30294.

［63］ Jia J S, Lu X, Yuan Y, et al. Population flow drives spatio-temporal distribution of COVID－19 in China ［J］. Nature, 2020, 582（7812）：389－394.

［64］ Colizza V, Barrat A, Barthélemy M, et al. The role of the airline transportation network in the prediction and predictability of global epidemics ［J］. Proceedings of the National Academy of Sciences, 2006, 103（7）：2015－2020.

［65］ Zhong L, Diagne M, Wang W, et al. Country distancing increase reveals the effectiveness of travel restrictions in stopping COVID－19 transmission ［J］. Communications Physics, 2021, 4（1）：121.

［66］ Meslé M M I, Vivancos R, Hall I M, et al. Estimating the potential for global dissemination of pandemic pathogens using the global airline network and healthcare development indices ［J］. Scientific Reports, 2022, 12（1）：3070.

［67］ Ghosh S, Roy S S. Global-scale modeling of early factors and country-specific trajectories of COVID－19 incidence：A cross-sectional study of the first 6 months of the pandemic ［J］. BMC Public Health, 2022, 22（1）：1－13.

［68］ Sun X, Wandelt S, Zhang A. On the degree of synchronization between air transport connectivity and COVID－19 cases at worldwide level ［J］. Transport Policy, 2021, 105：115－123.

［69］ Grépin K A, Ho T L, Liu Z, et al. Evidence of the effectiveness of travel-related measures during the early phase of the COVID – 19 pandemic: A rapid systematic review [J]. BMJ Global Health, 2021, 6 (3): e004537.

[70] Kiang M V, Chin E T, Huynh B Q, et al. Routine asymptomatic testing strategies for airline travel during the COVID – 19 pandemic: A simulation study [J]. The Lancet Infectious Diseases, 2021, 21 (7): 929 – 938.

[71] Stipic D, Bradac M, Lipic T, et al. Effects of quarantine disobedience and mobility restrictions on COVID – 19 pandemic waves in dynamical networks [J]. Chaos, Solitons & Fractals, 2021, 150: 111200.

[72] Chu A M, Chan T W, So M K, et al. Dynamic network analysis of COVID – 19 with a latent pandemic space model [J]. International Journal of Environmental Research and Public Health, 2021, 18 (6), 3195.

[73] Gross T, D' Lima C J D, Blasius B. Epidemic dynamics on an adaptive network [J]. Physical Review Letters, 2006, 96 (20): 208701.

[74] Corcoran C, Clark J M. Adaptive network modeling of social distancing interventions [J]. Journal of Theoretical Biology. 2022, 546: 111151.

[75] Chang F, Wu F, Chang F, et al. Research on adaptive transmission and controls of COVID – 19 on the basis of a complex network [J]. Computers & Industrial Engineering, 2021, 162: 107749.

[76] Li Z, Zhao J, Zhou Y, et al. Adaptive behaviors and vaccination on curbing COVID – 19 transmission: Modeling simulations in eight countries [J]. Journal of Theoretical Biology, 2023, 559: 111379.

[77] Barabási A – L. The origin of bursts and heavy tails in human dynamics [J]. Nature, 2005, 435: 207 – 211.

[78] Abbey A, Marmor Y, Shahar Y, et al. Exploring the effects of activity-preserving time dilation on the dynamic interplay of airborne contagion processes and temporal networks using an interaction-driven model. 2022, arXiv: 2202. 11591.

[79] Landry N W. Effect of time-dependent infectiousness on epidemic dynamics [J]. Physical Review E, 2021, 104 (6): 064302.

[80] Parino F, Zino L, Porfiri M, et al. Modelling and predicting the effect of social dis-

tancing and travel restrictions on COVID‑19 spreading [J]. Journal of the Royal Society Interface, 2021, 18 (175): 20200875.

[81] Zhang S, Zhao X, Wang H. Mitigate SIR epidemic spreading via contact blocking in temporal networks [J]. Applied Network Science, 2022, 7 (1): 2.

[82] Mistry D, Litvinova M, Piontti A P Y, et al. Inferring high-resolution human mixing patterns for disease modeling [J]. Nature Communications, 2021, 12: 323.

[83] Kucharski A J, Klepac P, Conlan A J K, et al. Effectiveness of isolation, testing, contact tracing, and physical distancing on reducing transmission of SARS‑CoV‑2 in different settings: A mathematical modelling study [J]. The Lancet Infectious Diseases, 2020, 10: 1151‑1160.

[84] Sanchez F, Calvo J G, Mery G, et al. A multilayer network model of Covid‑19: Implications in public health policy in Costa Rica [J]. Epidemics, 2022, 39: 100577.

[85] Chen P Y, Guo X D, Jiao Z T, et al. A multilayer network model for studying the impact of non-pharmaceutical interventions implemented in response to COVID‑19 [J]. Frontiers in Physics, 2022, 10: 915441.

[86] Bongiorno C, Zino L. A multi-layer network model to assess school opening policies during a vaccination campaign: A case study on COVID‑19 in France [J]. Applied Network Science, 2022, 7 (1): 12.

[87] Li T. Simulating the spread of epidemics in China on multi-layer transportation networks: Beyond COVID‑19 in Wuhan [J]. Europhysics Letters, 2020, 130 (4): 48002.

[88] Zeng L, Chen Y, Liu Y, et al. The impact of social interventions on COVID‑19 spreading based on multilayer commuter networks [J]. Chaos, Solitons and Fractals, 2024, 185: 115160.

[89] Kabir K M A, Tanimoto J. Analysis of epidemic outbreaks in two-layer networks with different structures for information spreading and disease diffusion [J]. Communications in Nonlinear Science and Numerical Simulation, 2019, 72: 565‑574.

[90] Wang H, Ma C, Chen H-S, Zhang H-F. Effects of asymptomatic infection and self-initiated awareness on the coupled disease-awareness dynamics in multiplex networks [J]. Applied Mathematics and Computation, 2021, 400: 126084.